本书列入中国科学技术信息研究所学术著作出版计划

# 对标计量分析法
# 及其在国家级科研项目后评估中的应用

高继平◎著

科学技术文献出版社
SCIENTIFIC AND TECHNICAL DOCUMENTATION PRESS
·北京·

## 图书在版编目（CIP）数据

对标计量分析法及其在国家级科研项目后评估中的应用 / 高继平著. —北京：科学技术文献出版社，2024.8
ISBN 978-7-5235-1365-1

Ⅰ.①对…　Ⅱ.①高…　Ⅲ.①科研项目—评估方法　Ⅳ.① G311

中国国家版本馆 CIP 数据核字（2024）第 099981 号

## 对标计量分析法及其在国家级科研项目后评估中的应用

策划编辑：张　丹　责任编辑：王　培　责任校对：张永霞　责任出版：张志平

| | |
|---|---|
| 出 版 者 | 科学技术文献出版社 |
| 地　　址 | 北京市复兴路15号　邮编　100038 |
| 出 版 部 | （010）58882952，58882087（传真） |
| 发 行 部 | （010）58882868，58882870（传真） |
| 官方网址 | www.stdp.com.cn |
| 发 行 者 | 科学技术文献出版社发行　全国各地新华书店经销 |
| 印 刷 者 | 北京厚诚则铭印刷科技有限公司 |
| 版　　次 | 2024 年 8 月第 1 版　2024 年 8 月第 1 次印刷 |
| 开　　本 | 710×1000　1/16 |
| 字　　数 | 152千 |
| 印　　张 | 10.75　彩插20面 |
| 书　　号 | ISBN 978-7-5235-1365-1 |
| 定　　价 | 68.00元 |

版权所有　违法必究

购买本社图书，凡字迹不清、缺页、倒页、脱页者，本社发行部负责调换

# 前　言

在我们的日常生活中，评价无处不在，也许仅仅一个不经意的生活细节，都蕴藏着"评价"。例如，早上去上班是开车还是坐地铁？食堂吃饭是选择面条还是米饭？尽管我们把这种生活细节称为"选择"或者"抉择"，但是这本质上就是一种"评价"。在科技管理领域，科技评价更是一个必不可少的环节。它就像一面镜子，真实映照客观科技活动的现状，为我们优化科技资源配置、提升科技创新效率、促进科技经济社会可持续发展提供决策支撑。

一般而言，科技评价可以划分为定性评价和定量评价。笔者倡导以"定量评价为基础，定性评价为补充"的评价范式，遵循"无定量不评价，无评价不决策"的科技管理模式。在这样的理念下，进一步反思以前"唯"的科技评价问题后发现：国内外针对不同的分析对象，从各个维度采用数量、质量、效率等指标进行评价的实践应用较多，然而各类应用相对而言都是片面的、碎片化的，缺乏系统性、整体性、体系化。无论是"点对点""点对线""点对群"，还是"点对网"的评价实践，普遍采用的都是与对象间的直接比较，缺乏从关联、演化、整体的角度进行评价，更不考虑对象的选取是否合适、与对象的关系及与对象组成的整体。所以，这样的分析或者研究体现的是一种碎片化的评价结果。

针对这样的研究不足，尤其是面对当前"去五唯"科技评价的现实需要，本书提出了建设对标计量分析法，打造三位一体立体式评价模型，通过将对象（"对"）的知识系统映射到所在领域或学科（"标"）的知识系统中，从网络结构中的分布、比重、位置、作用角度，评价对象的质量、绩效、贡献和影响。

之后，以"科研项目后评估"这一典型的科技管理场景为例，进行了实证研究。

在第二部分，本书选择了某基础研究类项目进行了实证分析。具体是以该项目的科技论文为表征，以该领域的论文引用网络体现该领域的知识结构，之后将项目论文映射到领域知识结构中，选择不同层级的"标"（包括前0.1%的高被引论文为顶尖论文，0.1%～1%的高被引论文为杰出论文，1%～10%的高被引论文为优秀论文，10%～50%的高被引论文为表现不俗论文）进行计量分析，最终确定该项目已经达到国际优秀水平，甚至部分研究成果已经达到国际顶尖水平，在其研究方向中有很强的影响力。

在第三部分，本书选择了某应用研究类项目进行了实证分析。具体是以该项目的技术发明为表征，以该领域的手工代码共现网络体现该领域的知识结构，之后将项目发明映射到领域知识结构中，选择不同层级的"标"（包括"国内"和"国际"两个部分）进行计量分析，最终确定该项目经过15年的技术积累和技术升级，到了"十二五"时期和"十三五"时期，已经超过国内和国际的技术影响力。

在第四部分，本书进一步打通多源科技产出（论文—专利—标准），以第三部分的某应用研究类项目为例，从该项目参与单位中选择某大学，以其产出的科学论文、技术发明和工程标准（都与项目主题相关）为数据源，采用自然语言处理、文本挖掘和可视化方法，提炼科学论文、技术发明和工程标准之间的知识客体联系，体现"创新链"的发展；并将科学论文、技术发明和工程标准的知识主体关联，体现"产业链"的演进，融合"创新链"和"产业链"，发现了该大学通过参与该应用研究类项目，实现了"围绕创新链布局产业链，围绕产业链部署创新链"，为我国国家级科研项目的贯彻执行提供了可复制的创新经验。

综合而言，本书提出的对标计量分析法，强调站在整体系统的角度，将"对象"的知识网络映射到"标"所在体系结构中，透视其质量、绩效、贡献和影响。借唐太宗李世民所语"夫以铜为镜，可以正衣冠；以古为镜，可以知兴替；以人为镜，可以明得失"结束前言部分，希望看到本书的朋友们，能够在科技管理的实际工作中，怀揣明"镜"、善用良"镜"、勤照准"镜"，立足中国，放眼世界，胸怀全局，着眼未来！

# 目 录

## 第一部分 相关理论和方法

1 引 言 ............................................................................................3

2 科研项目后评估相关理论及研究现状分析 ................................4
   2.1 项目后评估的相关理论 ..........................................................4
   2.2 项目后评估的常见分析方法 ..................................................6
   2.3 文献计量指标在项目后评估中的应用 ..................................8
   2.4 研究述评 ..................................................................................9

3 对标计量分析法 ..........................................................................11
   3.1 起源 ........................................................................................11
   3.2 定义 ........................................................................................12
   3.3 分析方式 ................................................................................13
   3.4 实现流程 ................................................................................14

## 第二部分 基础研究类项目后评估研究实践

4 某基础研究类项目的概况 ..........................................................21
   4.1 主要研究内容 ........................................................................21
   4.2 后评估的总体目标 ................................................................22

## 5 基础研究类项目对标计量分析总体方案 .................................................. 24
### 5.1 数据来源 .................................................. 24
### 5.2 待评估科研项目的科研产出情况 .................................................. 27
### 5.3 建立标杆 .................................................. 28
### 5.4 计量评价 .................................................. 29

## 6 基础研究项目后评估分析实证 .................................................. 32
### 6.1 项目所在研究方向世界研究概况 .................................................. 32
### 6.2 "点对点"比较 .................................................. 34
### 6.3 "点对线"比较 .................................................. 37
### 6.4 "点对面"比较 .................................................. 38
### 6.5 "点对网"比较 .................................................. 40
### 6.6 综合评价后的对策建议 .................................................. 49

# 第三部分　应用研究类项目后评估研究

## 7 某应用研究项目概况 .................................................. 53
### 7.1 项目背景 .................................................. 53
### 7.2 项目概况 .................................................. 53

## 8 应用研究类项目对标计量分析总体方案 .................................................. 56
### 8.1 专利绩效评估法 .................................................. 57
### 8.2 确定对象 .................................................. 59
### 8.3 数据来源及其检索策略 .................................................. 61
### 8.4 建立标杆 .................................................. 69
### 8.5 计量评价 .................................................. 70

## 9 应用研究项目后评估分析实证 .................................................. 79
### 9.1 项目绩效评估：产出视角 .................................................. 79

9.2 项目绩效评估：效果视角 ............................................................... 87
9.3 项目绩效评估：影响视角 ............................................................... 92
9.4 研究结论 ............................................................................................ 128

# 第四部分 项目后评估研究的再思考和未来建议

## 10 "水专项"中某大学围绕创新链布局产业链型案例分析 ............ 133
10.1 "水专项"的产学研转化效率较高 ............................................. 133
10.2 高效的"学研产"创新链——以南京大学为例 ........................ 134
10.3 南京大学的"创新链—产业链"双链融合平台——产业技术创新战略联盟 ............................................................................................ 147
10.4 南京大学通过"水专项"研究形成了独特的创新模式 ............ 149
10.5 小结 .................................................................................................. 151

## 11 未来建议 .................................................................................................. 152

## 参考文献 ........................................................................................................ 153

# 相关理论和方法

# 1 引 言

2021年8月2日，国务院办公厅发文《国务院办公厅关于完善科技成果评价机制的指导意见》（国办发〔2021〕26号），强调：加快推进国家科研项目成果评价改革。按照"四个面向"要求深入推进科研管理改革试点，抓紧建立科技计划成果后评估制度。建立健全重大项目知识产权管理流程，建立专利申请前评估制度，加大高质量专利转化应用绩效的评价权重。

基础前沿研究突出原创导向，以同行评议为主；社会公益性研究突出需求导向，以行业用户和社会评价为主；应用技术开发和成果转化评价突出企业主体、市场导向，以用户评价、第三方评价和市场绩效为主。在问题导向方面，要求更加注重质量、贡献、绩效，树立正确评价导向，增强针对性，突出实招硬招，提高改革的含金量和实效性。充分发挥科技成果评价的"指挥棒"作用，全面准确地反映成果创新水平、转化应用绩效和对经济社会发展的实际贡献，着力强化成果高质量供给与转化应用。在绩效方面，重点评估计划目标完成、管理、产出、效果、影响等绩效。

一般来说，科研项目产出成果主要有著作、论文、专利、标准、仪器、设备等。针对不同类型的科技成果会有不同的成果评价方法。通用的评价方法，包括同行评议法、层次分析法、科学计量法、情报分析法、人工神经网络、模糊积分法、面板数据法、熵权法等。另外，针对论文成果，一般有引文法、引用次数领域排序法、网络计量法、评审意见内容分析法、LDA主题模型法、知识元评价法、影响因子法等；针对专利成果，一般有专利引用法、社会网络分析法、论文—专利共被引分析法、法律状态法等；针对科研项目，一般有同行评议法、德尔菲法、文献计量法、数据包络分析法、层次分析法、模糊综合评价法等。

# 2　科研项目后评估相关理论及研究现状分析

科研项目是项目的一种类型，主要是指以科学研究和技术开发为内容而单独立项的项目，其目的在于解决科学和社会生产中出现的科学技术问题，一般会以基金、计划、专项等形式予以资助[1]。从生命周期的角度出发，科研项目可以划分为立项、启动、实施、结项和后评估5个阶段[2]。

受国家科学基金资助的国家科研项目，在后评估阶段，对其进行综合性绩效评价是公共管理和预算过程中的必要环节。2018年9月公布的《中共中央　国务院关于全面实施预算绩效管理的意见》指出，"坚持以供给侧结构性改革为主线，创新预算管理方式，更加注重结果导向、强调成本效益、硬化责任约束，力争用3～5年时间基本建成全方位、全过程、全覆盖的预算绩效管理体系，实现预算和绩效管理一体化，着力提高财政资源配置效率和使用效益，改变预算资金分配的固化格局，提高预算管理水平和政策实施效果，为经济社会发展提供有力保障。"同年，《国务院关于优化科研管理提升科研绩效若干措施的通知》提出要"推动项目管理从重数量、重过程向重质量、重结果转变……实行科研项目分类评价"。这标志着政府绩效管理在经历探索与试点后，正式与预算管理相关联，形成政府预算与绩效管理相结合的全新理念。

后评估最早作为美国国会监督政府的一种"新政"政策手段在20世纪30年代产生。在执行中后评估发挥了有效促进美国国会运转的作用，随后得到了世界各国政府的广泛采用。后评估在其长期的应用发展中也逐步形成了较为完善的体系，并在学术界引发了大量的讨论、研究和管理实践。

## 2.1　项目后评估的相关理论

### 2.1.1　项目后评估的内涵

项目后评估是指在项目完成并运行一段时间之后，对其进行科学系统的评价与分析[3]，包括其实施过程、目标完成后情况、价值和影响等多个方面。它是项目周期的最后一环，也是开启新项目的第一环，在旧项目结束与新项目开始之间起着承前启后的作用[4]。通过对前一个项目的评估，可以比较实际成果与预期目标的差异，对项目本身进行监督和反馈，为未来项目的开展提供经验。对于科研项目而言，后评估是对已经结题一段时间的项目进行的绩效评估[5]。例如，国家自然科学基金委员会管理科学部会组织专家对已经结题一年的项目进行评审，以检验资助工作效果及成果产出[6]。考虑到科研成果，如论文等发表及项目经济和社会影响的滞后性，在项目结束一段时间后对项目进行再次评估，可以更准确地反映该项目的成果及影响，对科研项目评价及绩效管理有着重要意义。

### 2.1.2 项目后评估的目的

项目后评估作为科研项目绩效管理的重要一环，是切实加强科研项目后期管理的有效办法[7]。其主要目的在于以下几个方面。

① 提高科研项目的资助质量。通过项目后评估，加强对资助项目的后期管理，力求准确反映和描述项目的执行情况，确保资金的正确使用。

② 为项目资助政策调整和项目管理布局提供决策依据[8]。项目后评估可以进一步了解已结题项目的水平和影响，以便调整资助的相关政策；同时，后评估也可以体现项目预期成果与实际成果差异，总结经验以改进不足之处，为科研项目后期资助规划及决策提供参考。

③ 实现科研项目管理的激励与监督作用[9]。通过后评估，可以与项目的立项评估、中期评估等形成闭环，完成科研项目的全流程监督管理。同时，通过后评估界定优秀项目，为其他项目指明方向，可以促进后期资助的项目研究水平与成果质量不断提高，促进相关学科发展。

### 2.1.3 项目后评估的主要流程

以国家自然科学基金委员会管理科学部的项目后评估为例，其基本流程为：项目结题一年后，首先，项目负责人向科学部报送全部研究结题报告，包括研究报告、所有公开发表有标注的论文、专著等成果，以及成果应用、引用、获奖或鉴定、人才培养等方面的情况和说明；其次，科学部组织专家进行评议，从报告论著、学术创新、政策建议、效益水平、国际交流、人才培养等 6 个方面进行打分和评价；最后，科学部为该项目界定相应等级，如优秀、合格等[10]。

## 2.2 项目后评估的常见分析方法

目前而言，项目后评估的主要方法可以分为以下 3 种：

① 定性分析方法，如同行评议、相关性评审、回溯方法、德尔菲法等；

② 定量分析方法，如文献计量法、数据包络分析（DEA）法、对比分析法、主成分分析法、逻辑框架法等；

③ 定性与定量相结合的分析方法，如层次分析法、网络层次分析法、模糊综合评价法、灰色关联度分析法等。

### 2.2.1 同行评议

同行评议（peer review）是指同行对待评估项目的研究目标、创新性、研究价值、研究方案、研究成果等做出独立的判定与评价[11]，是学术界持续自我提升的有效方法[12]。20 世纪 50 年代，美国 NSF 将同行评议方法引入科研项目评估，并逐步形成了以同行评议作为主要评价方法的科研绩效评价体系，此外还有英国[13]、澳大利亚[14]等。

尽管同行评议被科学界广泛采纳，但其仍然具有不可忽视的缺陷。首先，同行评议具有较高的主观性，可能会受到自身利益的影响，表现出较强的个人喜好，其评议过程的公平性和准确度一直备受争议；其次，学术界的"马太效应"也会使得同行们对权威专家的项目给予较高的评价，而刁难一些青年科研人员的研究[15]。为此，各国也采取了多种措施来弥补同行评议的缺陷，如更加严格的同行选择、同行评议结果"去掉最高分和最低分"、评审专家"黑名单"、评审专家回避制度、顶尖专家学术谱系建设等。

### 2.2.2 德尔菲法

德尔菲法由美国兰德公司提出，具体流程是评估方将"匿名"后的待评估项目相关材料单独发送给专家，之后专家以匿名形式独立对该材料做出判断并充分表达自己的意见，最后将收回的专家意见统一整理并再次进行下一轮咨询，3~4轮之后最终得到逐渐趋同的专家意见。

### 2.2.3 文献计量法

文献计量法的核心思想有两点，即"文献"和"计量"，前者体现的是研究对象，如论文、专利、著作、标准等各种类型的文献；后者体现的是定量方法，如数理统计、数据挖掘、网络分析等。综合起来，就是以研究对象的产出文献来表征研究对象本身，之后采用定量的分析方法，研究、分析、评价、预测研究对象的水平和影响。

目前，在科研项目后评估中，多将文献计量法与同行评议联系起来，互为补充。既发挥同行的专家优势，又克服同行的评议主观性和不确定性；既利用定量评估的客观特点，又避免定量评估脱离领域同行[15]。Massimo Francesche 分析后指出文献计量法与同行评议具有相关性，且文献计量法的相关指标具有客观性，在一定程度上弥补了同行评议的主观性所产生的缺陷，建议二者结合用于科研评价[16]。

### 2.2.4 数据包络分析法

数据包络分析（data envelopment analysis，DEA）法是一种评价多输入多输出效率的分析方法。在科研项目评价中，它还能计算出未达到标准值的研究机构在某些方面的不足并进行定量分析。在科研项目的后评估上，张继将探究了基于 DEA 方法的科研项目验收绩效评估，并基于科研项目实例检验了模型的可行性[17]；戴羽等从投入–产出、效率和规模收益 3 个方面评价了 12 个研究机构的肿瘤学自科基金项目的绩效，并分析了绩效较低的原因[18]。

### 2.2.5 层次分析法

层次分析法（analytic hierarchy process，AHP）是将定性方法难以衡量的指标定量化，并赋予指标权重进行综合计算的一种决策方法，在项目立项评估、中期评估及后评估中均得到广泛应用。柴芳基于层次分析法构建了国土资源项目后评估的层次模型和指标体系,并以"成都多目标项目评估"为例验证了该评估方法的可行性[19];蔡俊雄等将科研项目分为基础研究和应用研究两类,并根据不同类型设计了科研投入、科研产出、经济价值、社会价值4个维度16个指标的科研项目绩效评价指标体系进行实证分析[20]。

### 2.2.6 模糊综合评价法

模糊综合评价法(fuzzy comprehensive evaluation,FCE)是一种基于模糊数学的评价方法。它根据模糊数学的隶属度理论把定性评价转化为定量评价,即用模糊数学对受到多种因素制约的事物或对象做出评价。这种方法首先需要构建一个评价指标体系,然后通过专家经验法或者层次分析法构建权重向量,再建立合适的隶属函数以形成隶属矩阵,最后通过合成因子对隶属矩阵和权重进行合成,得出最终的评价结果。

徐新宇从评价指标数据特点、方法操作效率、项目适用性和评价结果信息丰富度4个方面分析了模糊综合评价法在我国海洋能"十三五"项目后评价的适用性,并结合层次分析法构建了海洋能项目后评估模型[21];北京化工大学安超男从专项投入、专项活动、专项产出、专项成效、专项影响等5个方面设计了后评估指标体系,并采用模糊综合评价法对国家科技支撑计划中的"天山山区人工降雨雪关键技术研发与应用"项目进行实证评估[22]。

尽管模糊综合评价法克服了传统数学"唯一解"的弊端,较好地解决了模糊的、难以量化的问题,但是其仍然依赖于专家对指标隶属度进行确定,只是在表达形式上使用了模糊数学的方式[9]。

## 2.3 文献计量指标在项目后评估中的应用

多位学者从科学计量的角度,利用相关文献计量指标对国家科研项目产出成果的质量、水平进行定量评价。田人合等[23]在对国家杰出青年基金资助的地球科学项目评价中使用了论文被引频次、期刊影响因子等计量指标。杨宁等[24]在对干细胞领域的科研项目产出进行绩效评价时,采用了期刊分区、论文总被引频次、论文篇均被引频次、论文被引排名、学科规范化引文指数等计量指标。王仲梅等[25]在对科研项目绩效指标编制分析中采用了核心期刊收录论文数量等指标。

除了将单个或者多个文献计量指标应用于项目后评估以外,部分学者还结合项目特征,设计了一些文献计量评价指标体系。刘蔚等[26]在构建"科研项目—人员—成果(论文)"关联评价模型的基础上,从成果发表的期刊质量指标出发构建了项目影响力指数和人员贡献度指数对项目的整体执行情况进行评价。宋歌等[27]通过构建科研项目成果的共被引网络,以国际相关研究作为项目成果评价的参照系,提出了基于结构洞理论和媒介角色理论的创新潜力测度指标,并将该指标与引文影响力指标相融合,对项目的学术创新能力进行评价。王颖婕等[28]在文献计量指标 $h$ 指数的基础上,综合高被引论文的影响力和低被引论文的数量,提出了 $h_i$ 指数,对项目的学术价值进行评价。

综合而言,文献计量指标在国家层面的项目评价中的应用是十分广泛的。刘晓娟和周若卿[29]在对国外科研项目绩效评价实践的调查中发现,澳大利亚卓越科研评价中采用引文分析的方法,利用相对影响因子、期刊论文索引情况等指标对项目进行评价;美国国家科学基金会采用研究报告的副本分发次数、Altmetrics 得分和论文被引次数等指标对科研项目进行定量评级。我国国家自然科学基金委进行自然科学基金项目绩效评价时,一般也会委托文献计量专业机构对自然科学基金项目进行文献计量分析,重点关注项目产出论文主题和学科分布情况、各类型机构分布情况、国际合作情况、在最具影响力的期刊上产出情况、热点论文产出情况等。

## 2.4 研究述评

按照我国现行的科研项目管理方式,科研人员申报的各类科研项目只要通过立项评估,基本上都可以得到财政资助。同时,无论完成的科技成果质量的高低,基本上都能通过验收。除此之外,高校对科研项目进行绩效评价的标准普遍唯 SCI 及其影响因子,这无形之中倒逼高校科研人员在相关期刊上发表论文。

目前，国家级科研项目的成果价值（或影响力、质量）评估大部分还是基于调查、案例分析、同行评议这种定性的研究方法，表现在项目验收时，对个案的定性描述评价，或通过专家同行评议进行项目评估，这种方法只适合小范围应用。如果要进行大规模的科研项目评价则比较耗时，且目前来看综合性的、持续时间较长的科研项目评价研究还较少。虽然有些项目后评估用了定量的方法，但仔细分析后发现大多基于文献的外部计量指标，一般认为获得某些奖项即达到了预期目标，较少深入探讨其研究成果的内容对社会、对科学发展起到了多大的推动作用。

此外，评价对象具有多种属性、科技成果具有多元价值且评价目的具有多样的特点，如何科学地确定评价标准，开展多维度差别化评价实践，解决评价指标单一化、标准随意化、结果片面化的问题，切实能够从质量、绩效、贡献等角度对科研项目进行综合性评价就是当前学术界亟待解决的问题。

# 3 对标计量分析法

## 3.1 起源

本书提出的对标计量分析法,源于标杆管理和对标比超。20世纪70年代末至80年代初,本来在市场上独领风骚的美国施乐公司,面对日本企业的挑战,通过对目标企业全方位的对标分析,改进自身的不足之处,而重新获得了成功。这就是最初标杆管理(benchmarking)的来源,之后该方法经过美国生产力与质量中心系统化和规范化,在企业界得到了推广应用[30]。在企业管理领域,标杆管理是企业通过规范且连续的比较分析,寻找、确认、跟踪、学习并超越竞争对手的一系列管理和技术的总和,主要包括4个环节,即合理建标、科学立标、严格达标和全力创标,具体包括有关指标设定(科学建标)、指标责任(明确对象)、指标考核(确定指标)和指标统计分析(计量评价)[31]。

在竞争情报领域,类似于标杆管理的方法是对标比超,是将自己的产品、服务与竞争对手或其他产业领袖的企业产品、服务和管理措施进行定量化评价比较,学习他们的优点,制定最优策略,以改善自己的产品和服务,提高竞争力的过程[32]。对标比超主要包括确定比较内容、选择比较目标机构、细化比较框架,构建评价指标、对比差距、制定改进战略[33]。北京大学谢新洲和吴淑燕从对标比超的对象出发,将其划分为产品对标比超、过程对标比超、管理对标比超和战略对标比超[34]。

综合企业管理领域的标杆管理和竞争情报领域中的对标比超,我们发现:无论是标杆管理还是对标比超,强调的都是点对点(对象与对象之间)的比较,而忽视了点与点之间的联系,以及点所在的系统整体结构,故而在评价中出现了"数论文数""唯影响因子""SCI至上""数代表作数"等现象,导致得出"一叶障目不见泰山"的片面分析结论,而无法评价对象的质量、绩效和贡献。

## 3.2 定义

对标计量分析法，强调站在整体系统的角度，将"对象"置身于"标"所在体系结构中，从点、线、面、网立体结构和关联组成视角，采用定量的方法和模型分析对象组成情况、所处位置、所起作用、承担角色等，去确定其质量、绩效、贡献和影响等。

对，有两层含义，分别是"对比"和"对象"，其中前者是一个动词，指的是比较的过程和行为；后者是一个名词，强调的是对象，对比和比较的对象。相对于标杆管理或对标比超多强调"点与点的比较"而言，本书提到的对标计量分析法，在"对象"方面有所不同。"对象"可能是同类的对象，也可能是"对象集"，或者是"对象所在体系或领域"，例如：中国比美国、中国比 G7（美国、英国、法国、德国、日本、意大利、加拿大七国）、中国比全球等。在"对象"的确定方面，侧重于从点、线、面和网的角度，全方位多层次体现对象结构。

标，至少有如下几层含义：①指标，数值特征的概念，可以是数量方面的、质量方面的、影响方面的、贡献方面的等；②标准，衡量事物的准则；③目标，即想要达到的境地或标准；④基准，即对比目标的最低值或阈值；⑤标杆，指的是领域内表现最好的对象。这里特别强调"标杆"的两层深意：①确定"杆"，也就是对象之间所对比的领域或范畴；②确定"标"，也就是采用什么样的指标在领域中比较。通过"标"的设置，实现"比"的目的；通过"比"的分析，明确与"标"的优劣。本书的"标"，将结合从点、线、面和网的角度比较，构建对应层面的指标，从系统、立体的角度进行对标，体现各个维度的比较结果。

计量，指的是可采用定量的方法、模型、工具等实现"对标"。中国计量价值体系强调"度万物、量天地、衡公平"[35]；应用信息经济学创始人道格拉斯·哈伯德的著作《数据化决策》(*How to Measure Anything：Finding the Value of Intangibles in Business*)所表达的核心观点是"万事万物都是可以计量的；无形之物有法可测"(No Measurement，No Management)；大连理工大学 WISE 实验室创始人刘则渊教授也有类似观点——"科学可量，智慧无限"。

此外，这里的"计量"还有一层含义，可计算、可验证、可重复、可校验。

## 3.3 分析方式

### 3.3.1 常规的分析模式

综合而言，针对不同的分析对象，从各个维度采用数量、质量、效率等各类指标进行单一维度计量分析的实践应用较多，然而各类实践应用相对而言都是片面的、碎片化的，缺乏系统性、体系化、关联性。

如图3-1所示，一般的标杆管理和对标比超，指的是分析对象 $A$ 和对比对象 $B$ 做比较，然后在确定比较的指标的情况下，将 $A$ 和 $B$ 分别映射到标杆上得到对应的值 $\beta$ 和 $\lambda$。之后，根据 $\beta$ 和 $\lambda$ 的大小，确定孰优孰劣，进而提出分析对象 $A$ 在标杆角度的发展对策。

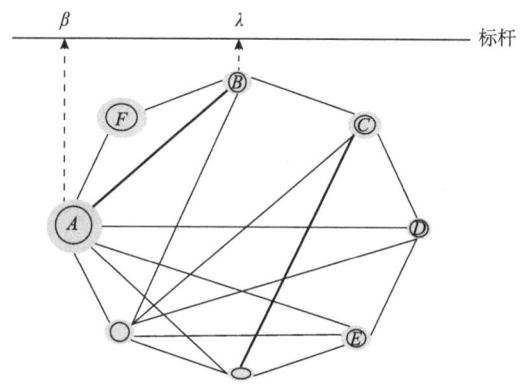

**图 3-1 对标计量分析法示意**

比如分析对象 $A$ 为期刊 *Scientometrics*，对比对象 $B$ 为期刊 *Journal of Informetrics*，若比较的指标为影响因子，将期刊 *Scientometrics* 和 *Journal of Informetrics* 映射到信息科学与图书馆学（INFORMATION SCIENCE & LIBRARY SCIENCE）影响因子的标杆上，则 $\beta$ 为 3.901，而 $\lambda$ 为 4.373。这样 *Scientometrics* 就要比 *Journal of Informetrics* 差一些，接下来需要进一步在影

响因子，或者更进一步在引用次数方面提升。这样的分析方式比较简单，可以直接通过"数影响因子"的方式就能实现，但是这样导致的结果就是"孤立"看待期刊 Scientometrics 和 Journal of Informetrics，不仅不考虑两个期刊的文献发表数量、引用次数来源，更不分析二者间的知识流动情况，甚至也不考虑二者在信息科学与图书馆学中的位置和影响。

### 3.3.2 本书的分析模式

如图 3-1 所示，分析对象 A 和对比对象 B 更深层次对标计量分析，应该至少包括节点 A、B 结构组成比较、节点 A、B 之间的联系、节点 A、B 在这个领域网络中的角色、节点 A、B 在这个领域网络中的位置等。

具体节点 A、B 的结构组成，包括节点 A 和 B 组成的内容、内容的分布、内容的明细等；节点 A、B 之间的联系，包括节点 A、B 之间的知识流动，甚至更详细的节点 A 向节点 B 的知识溢出、节点 B 向节点 A 的知识溢出等；节点 A、B 在这个领域中是权威还是无足轻重等；节点 A、B 在这个领域网络中是中介、核心、半边缘还是边缘等。

这样对标计量分析法，是一个三位一体综合立体式评价模型，从分布、比重、位置、作用，体现质量、绩效、贡献和影响，具体通过研究对象在领域（标杆）中的情况，从点、线、面和网的角度，实现三位一体综合立体式评价。

## 3.4 实现流程

对标计量分析法主要包括 4 个方面，分别是科学地确定对象、合理地建立标杆、专业的计量评价和针对性的对策建议。接下来的分析，都以期刊 Scientometrics 作为分析对象，进行后续步骤的说明和分析。

### 3.4.1 科学地确定对象

①"点对点"类对象：对比对象的选择可以是同领域期刊 Journal of Informetrics 或者期刊 Journal of the Association for Information Science and Technology，也可以是中国同类期刊《情报学报》等。此外，还可以是非同领

域期刊 *Science*、*Nature* 等。

②"点对线"类对象：对比对象是 *Scientometrics* 和 *Journal of Informetrics* 这个整体，即①中选择的"点"是 *Journal of Informetrics*，则本处的"线"是 *Scientometrics* 与 *Journal of Informetrics* 二者整体。

③"点对面"类对象：对比对象的选择可以是整个领域信息科学与图书馆学中的所有期刊；也可以是中国情报学领域的所有期刊等。此外，还可以是非同领域的期刊集合，如档案学所有期刊、信息资源所有期刊等。

④"点对网"类对象：对比对象的选择可以是所有的学科下的期刊集合。

### 3.4.2　合理地建立标杆

目前，针对分析目的的不同，有各种各样的指标可以采用，也同样可以综合多种指标进行加权以建立新的指标，但是这样的指标或者指标体系一定要合理可计算。另外，建立指标体系时，不同指标采取的权重具有很重要的影响，而指标权重就需要合理的算法或者模型确定。

（1）立"旗杆"

根据分析目的的不同，可以树立各种各样的"旗杆"。诚如"脱离了语境的语言没有意义"、庄子云"人生的价值，取决于所处的位置"等，所以立"旗杆"，确定分析的语境就是第一要务。

首先，需要合理地树立具体的"旗杆"，以反映分析对象所处的知识体系；其次，根据具体知识体系，采用相关的分析模型体现；最后，根据模型需要，准备相应的数据进行表示和分析。

（2）建立"指标"

针对分析目的的不同和树立"旗杆"的差异，可以建立各种各样的指标，也可以综合多种指标加权以建立新的指标，但是这样的指标、指标体系和权重[36-37]一定要合理可计算。要进行全方位综合的指标评价，实现深层次的质量、绩效、贡献和影响分析，就需要从"点"、"线"、"面"和"网"三位一体的角度设计指标。

①"点对点"指标：期刊与期刊之间比较的指标，可以选择发文数、被引频次、影响因子、即年指标、引用刊数、开放因子、被引半衰期、领域高

被引论文数占比、领域热点论文数占比等。

② "点对线"指标：期刊 $A$ 与期刊 $A$ 与 $B$ 连线之间比较的指标，可以选择期刊 $A$ 引用期刊 $B$ 的数量、期刊 $A$ 引用期刊 $B$ 的占比、期刊 $A$ 编委占期刊 $B$ 编委的数量等。

③ "点对面"指标：期刊 $A$ 在期刊学科下的指标，可以采用期刊 $A$ 的发文数在学科中的占比、期刊 $A$ 的被引次数在学科中的占比、期刊 $A$ 在学科中的高被引论文数占比、期刊 $A$ 在学科中的热点论文数占比、期刊 $A$ 在学科中的相对影响力等。

④ "点对网"指标：期刊 $A$ 在所有学科知识网络中的指标，可以采用知识网络中的度数、中介中心度、紧密度、权威度、PageRank 值、集聚系数等。

### 3.4.3 专业的计量评价

首先，需要相应的数据库。不同类型的科技成果有对应的数据库，如与基础科学成果相关的论文数据库、与技术科学成果相关的专利数据库、与工程技术成果相关的标准数据库等。即使都是论文数据库，如 SCI、EI、CPCI-S、Scopus、Medline、CSTPCD 等，在收录学科、语种、类型、影响等方面也是有很大差异的，所以一定要针对具体的研究对象，选取相应的数据库，如人工智能方面的研究，就一定要包括相关的顶级会议论文。即使广为应用的 Web of Science，参考文献、中国作者姓名、中国机构名称的规范化、准确性等方面也依然存在一定的不足。

其次，需要精准的检索式。针对同一研究对象，在已有的研究中也会存在多种多样的检索式，如人工智能领域的技术主题分析研究[38-41]、大数据学科的研究主题分析研究[42-44]等。这些检索式差异很大，也存在各种各样的问题。

再次，需要多次的数据检验。精准的数据是计量评价的关键。在特定成果数据库的基础上，针对检索式得到的结果需要多种指标，如查全率、查准率等，甚至专家辅助，进行校验。其间，需要针对分析对象对数据进行多次清洗、合并、去重，如作者姓名消歧、中英文作者匹配、多源数据作者标准化等。

然后，需要合适的分析方法。无论是统计分析法、数学建模法、文本挖掘法、文献计量学法、替代计量法、社会网络分析法、复杂网络分析法等，都有一定的适用条件和影响因素，不是"放之四海而皆准"。如采用当前主流Altmetrics工具[45]、Altmetrics指标、BKCI/Amazon/Goodreads/Mendeley等[46]数据分析中文期刊、中文论文等的研究，都是不合适的。

最后，需要专业的计量分析。诚如普赖斯奖获得者荷兰科学计量学家Loet Leydesdorff等人所指出的：计量分析离不开参数选择或者阈值设定，而参数的选择或阈值的设定是需要依情况而变化的，也可能是错误的[47]，这就需要专业人员去做专业的计量分析。例如，每年全球重要机构都会统计各个国家的学术论文发表情况及其排名，但是专业人员知悉论文国家统计中，会涉及作者国家全计数法、作者国家分数计数法[48]、作者国家加权分数计数法[49]等，这意味着论文国家数量的统计结果会有较大差距，如美国WOS论文数全球占比第一、中国WOS论文数全球占比第二等。此外，专业人员了解论文引用是有差异的，可能是正向的、负向的，或者是中性的[50-51]；引用的位置也是有很大差异的，可能是在序言、文献综述、数据、结果、结论中等[52-53]，其重要性也有较大差异。

### 3.4.4 针对性的对策建议

基于对标的目的和目标，结合计量分析的结果，提出有针对性的方案或者对策建议。

通过"点对点"的比较，发现各自优势和劣势，以及未来发展和改进的方向；通过"点对线"的比较，明晰点在点与对象连线中的主动性或被动性；通过"点对群"的比较，体现点在群体中的影响和位置，寻找未来影响力提升的路径；通过"点对网"的比较，洞悉点对网络整体的结构影响，发现未来的发展路径和改变方式。

# 第二部分

# 基础研究类项目后评估研究实践

针对基础研究类项目的主要科研产出是科学论文,下面以某国家级基础研究类项目结题后的科研产出为例,开展对标计量分析的实证评价实践。

# 4 某基础研究类项目的概况

973 计划（全称为国家重点基础研究发展计划）项目是瞄准我国未来信息技术和社会发展的重大需求，而开展的量子物理和量子信息领域的基础性、战略性和前瞻性探索研究和关键技术攻关，目标是为我国在未来国际战略竞争中抢占核心技术制高点打下扎实基础，为我国在量子物理和量子信息及相关领域的发展提供战略性建议，协调和推动我国在该领域的研究和发展；培养和造就从事量子物理和量子信息研究的高级专门人才。

本项目包含 4 个课题，分别是多光子量子纠缠的制备、操纵和应用，光与冷原子量子存储和量子中继器的研究，超冷原子量子调控及其应用，光和冷原子量子调控的理论研究。

## 4.1 主要研究内容

① 多光子量子纠缠的制备、操纵和应用。在前期的研究基础上，研发小型化高效率的多光子纠缠器件，并探索该关键器件在量子计算、量子仿真，以及新颖量子力学基础检验等方面的应用。

② 光与冷原子量子存储和量子中继器的研究。在现有窄带光子纠缠源的基础上，解除极化纠缠光子的频率关联，制备可升级的窄带纠缠光子源；将窄带纠缠光子与冷原子系统量子存储结合起来，利用电磁诱导透明（EIT）技术将窄带纠缠光子存储到冷原子系统，进行可升级的量子中继器的可行性探索和设计。

③ 超冷原子量子调控及其应用。建立玻色-爱因斯坦凝聚实验装置，获超冷原子量子调控及其应用的玻色-爱因斯坦凝聚体（BEC），并利用光晶格技术，实现 BEC 超流态到 Mott 绝缘态的相变。

④ 光和冷原子量子调控的理论研究。围绕实验需求及量子力学前沿课

题，进行深入的理论研究和发展高效的数值处理方法。研究和发展基于不同科学原理的广域量子信息处理和可拓展可升级量子计算实验方案；研究基于电磁诱导透明技术的量子存储物理机制及相应的退相干机制，发展和设计可升级的量子中继器方案；发展可高效模拟量子场论和强关联系统的量子蒙特卡洛（Monte Carlo，MC）算法，并为凝聚态物理学家们提供相应的代码；探索量子力学的弱测量理论并运用于信号放大作用和量子纠错码构造的深层数学机制的研究。

此项目的立项和成功实施，将会为我国在多光子纠缠的制备和应用研究，纠缠光子和原子系统交互界面的可升级的量子存储与量子中继器的研究，超冷原子量子调控的研究，光-冷原子量子信息处理的相关理论研究等方面产生一些原创性的有重要意义的处于国际领先水平的成果，并可能会在若干方面转化为可预期的具有市场价值的产品。

这将为构筑具有我国自主知识产权的量子调控技术的科学基础，以及推动我国量子物理和量子信息的实用化做出重要贡献。

## 4.2 后评估的总体目标

主要评估项目的研究成果在国内外该领域中的地位和影响，是否引领科学前沿、是否占据领域研究的制高点。

**课题1：多光子量子纠缠的制备、操纵和应用**

根据项目书中的研究路线和研究方案，评估课题1在多光子量子纠缠、高亮度高保真度脉冲极化纠缠源、光子纠缠态的实验制备、量子体系隐形传态、量子点单光子源、量子密钥分发、量子隐形传态与纠缠分发等方面的研究进展，以及其在世界上的影响力。

**课题2：光与冷原子量子存储和量子中继器的研究**

根据项目书中的研究路线和研究方案，评估课题2在量子存储的寿命、量子存储的效率、光子和原子比特的纠缠态等方面的研究进展，以及其在世界上的影响力。

**课题 3：超冷原子量子调控及其应用**

根据项目书中的研究路线和研究方案，评估课题 3 在玻色 – 爱因斯坦凝聚体、自旋轨道耦合系统、光晶格等方面的研究进展，以及其在世界上的影响力。

**课题 4：光和冷原子量子调控的理论研究**

根据项目书中的研究路线和研究方案，评估课题 4 在光与冷原子量子存储、量子中继器、超冷原子的量子调控等方面的研究进展，以及其在世界上的影响力。

# 5 基础研究类项目对标计量分析总体方案

独立计算一篇论文或专利的被引次数，所表征的含义较为单薄且意义不大，所以需要把项目产出与其同方向的科研成果进行多维度比较，才可以准确地评价项目产出的国内外地位和影响，了解其与平均水平、优秀水平、杰出水平和顶尖水平之间的距离。这里的平均水平、优秀水平、杰出水平和顶尖水平，就是对标计量分析的"对"。

在此基础上，本章进一步从"标"的角度设计了一组符合论文评估的科学计量学指标，以期多角度反映论文成果的水平、质量、影响、效果等。对论文水平的评估主要基于被引次数相关指标测度，拟从均值测度和高影响特征测度两个角度设计指标，并对发表时间、文献类型、学科领域等进行标准化处理以消除这些因素对引用的影响，使得对标分析更为合理，能够更好地反映科技论文在国内外该领域的地位和影响。同时，构建论文成果的引文网络，从"线"的角度出发对影响力进行定量研究，依据引用结构能够反映成果在领域中的影响力和重要程度的原则，基于"面/网"设计多种影响力评估指标，并开展分析。

## 5.1 数据来源

### 5.1.1 SCI数据库

SCI数据库即科学引文索引（Science Citation Index，SCI），收录了全球9700多种期刊的论文数据，涵盖170多个学科，涉及自然科学的各个领域，具有科学性、权威性、专业性，是学术界公认的基础研究数据库。

SCI是建立在布拉德福文献定律（文献分散规律）和加菲尔德引文分析理论（被引频次、影响因子等）基础上的，通过论文的施引和被引对一个国家或地区、科研机构、学术期刊、科学家的科研成果进行定量评价。

### 5.1.2 EI数据库

EI（The Engineering Index）即工程索引，是由荷兰爱思唯尔集团旗下美国工程信息公司（Engineering Information Incorporation）出版的大型科技文献检索数据库。它创建于1884年10月，经过130多年的发展，其收录的文献已从最初仅限于工程技术少数学科扩展到应用研究领域的很多学科，包括数学、物理学、化学、力学、信息科学与技术、医学工程等。EI数据库包含1970年以来的超过700万条的工程类期刊、会议论文和技术报告的题录，每年新增25万条工程类文献，数据来自175个学科的5100多种工程类期刊、会议论文和技术报告。

### 5.1.3 科研产出检索方案

检索策略的确定是一个反复尝试的过程。我们通过对项目立项报告、结题报告、产出论文和专利的详细分析，先对检索主题有了比较深的了解，然后进行试验并不断完善。检索策略的确定是一个不断迭代的过程，大致可以分为5个阶段：基本主题词构建、数据抽取、数据验证、数据清洗及数据集建立。

（1）基本主题词构建

基于项目立项书、项目推荐代表作（参考项目的所有产出），抽出可表征项目所在领域的主题词，并根据相关主题词表扩充完善主题词，完成对基本主题词的构建，并不断利用这些主题词在 Web of Science 平台试验和精炼，最后结合专家意见集体研讨确定基本主题词。

（2）数据抽取

结合待评项目的执行时间和产出论文的主要类型，这里把检索的论文文献年份限定在2006—2015年，文献类型限定为 Article 和 Review 两种。检索时间为2015年12月28日至2016年1月5日，保存格式为全记录（包括论文信息和参考文献信息）。

（3）数据验证

借鉴信息检索结果评价经验，这里从查全率和查准率两个指标出发，评估数据是否覆盖了待评项目方向的大部分论文、是否与该方向高度相关。

（4）数据清洗

数据清洗主要包括两个部分：噪声数据删除和遗漏数据补充。

在噪声数据删除方面，我们通过分析主题词在论文中出现的位置、频次等，初步确定可能为噪声数据的数据集；然后进一步对其进行人工筛选，删除不相关的论文。

在遗漏数据补充方面，我们对数据集进行词频分析，把高频主题词与检索策略比较，若有遗漏把新的主题词加入新的检索策略中去进行试验。同时我们也重点分析了没有出现在数据集中的项目产出论文，结合项目研究方向从它们之中选取遗漏的重要主题词加入新检索策略中进行试验。

（5）数据集建立

重复前4个阶段的过程，并进行研究方向、查全率、查准率等验证，最终得到满足预期的数据集。

借鉴信息检索结果评价经验，我们设计了查全率、查准率两个指标，以此判断数据覆盖程度与准确程度。

查全率：主要从项目产出论文覆盖率和项目产出论文的参考文献覆盖率两个角度考察。用公式表示为：

$$查全率 = \frac{检索结果中的项目产出论文数}{项目产出论文总数}, \quad (5-1)$$

$$查全率 = \frac{检索结果中的项目产出论文数的参考文献数}{项目产出论文的参考文献总数}。 \quad (5-2)$$

我们确定数据集要达到的指标是：①基于论文的查全率≥70%，即依照上述检索策略获得的数据集中含有项目产出论文的覆盖率不低于70%；②基于参考文献的查全率≥30%，即依照上述检索策略获得的数据集中含有项目产出论文的参考文献的覆盖率不低于30%。

查准率：分析依照上述检索策略获得的论文数据集的研究方向分布、高频关键词分布与项目研究方向的吻合程度。这个指标为定性指标，由有经验的分析人员判断。

## 5.2 待评估科研项目的科研产出情况

### 5.2.1 待评估科研项目的产出

根据评价目的,论文数据集包括 4 个。

**数据集 1:根据代表作主题词在 SCI 数据库中检索出的数据**

项目呈报的论文产出代表作是项目组认为最能代表其水平的研究成果,代表作的评价是评价项目产出水平及影响力的关键。在此次待评 973 计划项目中,含有多个课题。每个课题的研究方向存在差异。因此,本章主要采用代表作中的主题词来进行检索,以使检索结果更为集中、更加贴近项目方向。基于代表作主题词检索得到的结果形成数据集 1。

**数据集 2:项目产出的非代表作 SCI、EI 论文**

待评项目含有多个课题,据代表作主题词检索得到的数据集 1 不能包含项目产出的所有论文。为了得到所有项目产出论文列表,以便全面准确地评价项目产出的地位和影响,必须把项目产出的非代表作的 SCI、EI 等论文加入数据集中,这部分论文构成数据集 2。

**数据集 3:项目产出 SCI、EI 论文的参考文献**

为了从引文结构考察项目产出论文的影响,从文献引证的角度来评估论文的学术价值,本章还采集了项目产出 SCI、EI 论文的参考文献数据,这部分数据即为数据集 3。

**数据集 4:项目产出 SCI、EI 论文在 SCI 的施引文献**

施引文献,就是对某一文献实施引用的文献。为全面了解项目产出论文的被引情况,构建相对完整的引用矩阵,本章采集了项目产出的 SCI、EI 论文在 SCI 中的施引文献,形成数据集 4。

以上 4 个数据集的并集即为最终数据集。

### 5.2.2 对比对象的科研成果

根据指标的具体要求,需要对数据集进行相应处理。具体为以下内容。

① 项目论文代表作、非代表作、非项目论文等的标引。

② *Nature*、*Science*、*Cell*、*PNAS* 等名刊发表论文的标引。

③该学科前 10% 期刊论文与前 50% 期刊论文的标引。标引采用 JCR 2014 数据，因为本次项目后评估是在 2016 年 1 月初开展的。

④在对论文发表年、文献类型等进行标准化处理之后，进行 Top$X$ 论文的标引。

⑤ 相对影响力：在对论文发表年、文献类型等进行标准化处理之后，进行论文相对影响力的标引。

⑥ 根据构建引文矩阵的需要，对论文作者、刊名、发表年、卷、期等进行规范清洗。

## 5.3 建立标杆

在建立标杆方面，需要以下 7 个步骤。

（1）确定主题

由于学科自身特点的差别，不同学科之间的被引频次差异很大，不具有直接可比性。因此，科技评价必须遵循"分类评价"原则。"分类评价"原则要求我们根据待评项目确定主题，确定主题的原则是"宁细不粗"。

（2）数据采集

数据源的选择对于数据集质量至关重要，我们从国际最常用、最权威的 SCI、EI 中采集数据。

（3）数据清洗

数据清洗是保证数据质量的关键步骤。数据清洗的主要工作是噪声数据的删除和缺失数据的补充，从而保证数据集的完整性、准确性。

（4）构建引文网络

引文网络矩阵构建对于从整体结构上把握产出论文的位置、分析论文的重要性和影响力十分关键，引文网络矩阵采用自编程序得到。

（5）指标设定

单一的科学计量学指标很难全面反映论文或专利的全貌。因此，从数量、被引次数、引文结构角度出发，设计一组符合论文或专利评估的科学计量学指标，以从多角度反映论文或专利的质量。

（6）产出评估

本部分采用"综合评价"方法，根据设定指标从不同角度反映项目产出的水平和重要性。

（7）引文矩阵构建

论文的评价不能只是从个体出发，而是要把其放在一个整体背景下去评估。因此，这里构建了所选数据集的论文相互引用矩阵。引用矩阵采用自编程序构建，对于一个有 $n$ 篇论文的数据集，会生成一个 $n \times n$ 的稀疏矩阵。

## 5.4　计量评价

为全面反映项目产出在国内外的地位与影响，本部分将从科学计量学、社会网络分析方法出发，分别从数量、被引次数、引文结构角度，设计一组论文指标，以从多角度反映论文全貌。设计的主要指标有项目论文产出数、4 种名刊（*Nature*、*Science*、*Cell*、*PNAS*）论文数、前 10% 期刊论文数、前 50% 期刊论文数、被引次数、篇均被引次数、Top$X$ 论文、相对影响力、点度中心度、接近中心度、中介中心度等 11 个指标。这些指标既有绝对指标，也有相对指标；既有数量指标，也有质量指标；既有个体指标，也有整体指标。指标体系相对完整，指标间互为补充，适合对中微观项目产出的地位与影响进行评估。

### 5.4.1　"点对点"指标

项目论文产出数：项目产出论文的数量。该指标可以直接反映项目成果产出的多少。

*Nature*、*Science*、*Cell*、*PNAS* 论文数：发表在 *Nature*、*Science*、*Cell*、*PNAS* 四大名刊上的论文数。一般来讲，发表在这四大刊的论文数量越多，表征项目产出成果质量越高。

前 10% 期刊论文数：在影响因子排名前 10% 的期刊上发表的论文数量。

前 50% 期刊论文数：在影响因子排名前 50% 的期刊上发表的论文数量。

### 5.4.2 "点对线"指标

引用指标主要表征水平,可用来测度项目产出在国内外相关领域的地位。

被引次数:是指一篇文献被其他文献引用的次数,文献的被引可以看作同行对该文献的"认可",因此文献的被引次数多少可以反映它的影响力高低。

篇均被引次数:一组文献的篇均被引次数即该组中每篇文献的平均被引次数,该指标反映的是该组文献的平均水平。用公式可以表示为:

$$篇均被引次数 = \frac{一组文献的总被引次数}{一组文献的总篇数}。 \qquad (5-3)$$

### 5.4.3 "点对面"指标

Top$X$ 论文:该指标在对出版年份和文献类型等因素进行标准化的基础上,将同一领域或方向上论文的被引次数从高到低进行排序,排在前 $X$ 的论文为 Top$X$ 论文。该指标可以反映论文在领域内的影响和地位。这里定义排在前 0.1% 的论文为顶尖论文,0.1%~1% 的论文为杰出论文,1%~10% 的论文为优秀论文,10%~50% 的论文为表现不俗论文。

相对影响力:指一篇论文的引文影响力与该组总体论文的引文影响力的比值。用公式可以表示为:

$$相对影响力 = \frac{一篇论文的被引频次}{该组论文的篇均被引频次}。 \qquad (5-4)$$

该指标反映了论文的相对科研绩效水平。如果该值大于 1,则表明该篇论文影响力高于总体平均水平;如果小于 1,则表明其低于总体平均水平。

### 5.4.4 "点对网"指标

中心度是社会网络分析的研究重点之一,可以反映个人或者组织在其社会网络中处于何种地位。本部分将中心度的理念引入文献评估中,通过对项目产出论文引文网络进行分析,基于引文结构指标来表征论文的影响力和重要性,进而测度项目产出在相关领域中的影响和重要程度。具体采用点度中心度、接近中心度和中介中心度 3 个指标进行综合评价。

(1) 点度中心度

点度中心度描述的是网络中一个节点的重要程度，在一个网络中，如果一个节点与其他节点之间存在直接联系，那么该节点就居于中心地位，在该网络中拥有较大的"权力"。在这种思路的指导下，论文引用网络中一个节点的点度中心度，可以用网络中与该点有直接联系的点的数目来衡量，这就是点度中心度。

(2) 接近中心度

接近中心度描述的是网络中一个节点处于核心区还是非核心区，考察一个节点传播信息时不靠其他节点的能力和程度。在一个网络中，一个节点离其他节点越近，则在传播信息的过程中越不会依赖其他节点。因为一个非核心成员必须通过其他成员才能传播信息，容易受制于其他节点。在计算论文引用网络的接近中心度时，我们关注的是捷径，而不是直接关系。如果一个节点与网络中其他各节点的距离都很短，则该节点具有较高的接近中心度。

(3) 中介中心度

中介中心度描述的是网络中一个节点对资源的控制力。在社会网络中，如果一个节点处于许多其他两点交往之间的路径上，可以认为该节点居于重要地位，因为它具有控制其他两个节点之间交往的能力。根据这种思想来刻画论文引用网络节点中介中心度，它测量的是论文在网络中的位置和重要程度。

# 6 基础研究项目后评估分析实证

## 6.1 项目所在研究方向世界研究概况

根据检索结果,项目所在研究方向,即与项目相关的研究领域的论文共有 17 381 篇,这些论文分布在 1905—2016 年,其中,2006 年之前的年产出论文数量均不超过 150 篇。17 381 篇项目所在研究方向论文中,2006 年之后(包括 2006 年)的论文数量为 16 156 篇,占总论文数量的 92.95%,具体 2006—2015 年的年度分布如图 6-1 所示。

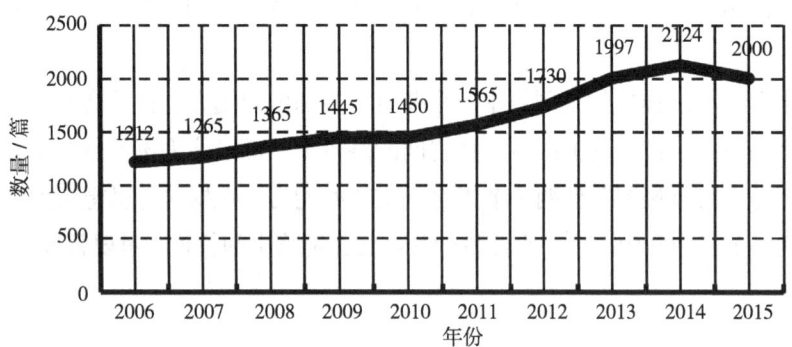

图 6-1 待评项目所在研究方向的论文年度产出

该研究领域的论文数量在 2006—2014 年呈现逐步上升的趋势,从 2006 年的 1212 篇到 2015 年的 2000 篇,年增长率为 6%,说明相关的研究越来越受到关注。

### 6.1.1 基金分析

在这个研究方向中,资助产生论文最多的基金是中国国家自然科学基金、美国国家科学基金和欧盟基金。其中,位列前十的资助基金中,中国有 4

项，分别是第 1 位的中国国家自然科学基金、第 6 位的中国科技部 973 计划项目资助、第 8 位的中国科学院基金和第 9 位的中国教育部中央高校基本科研业务费专项基金。在前 10 位基金中，中国国家自然科学基金和美国国家科学基金以绝对优势遥遥领先于后边的基金。总体来说，这些机构基本覆盖了全球科技发达国家或大国的主要基金资助机构，说明该研究方向得到了全球的普遍关注和重视（图 6-2）。

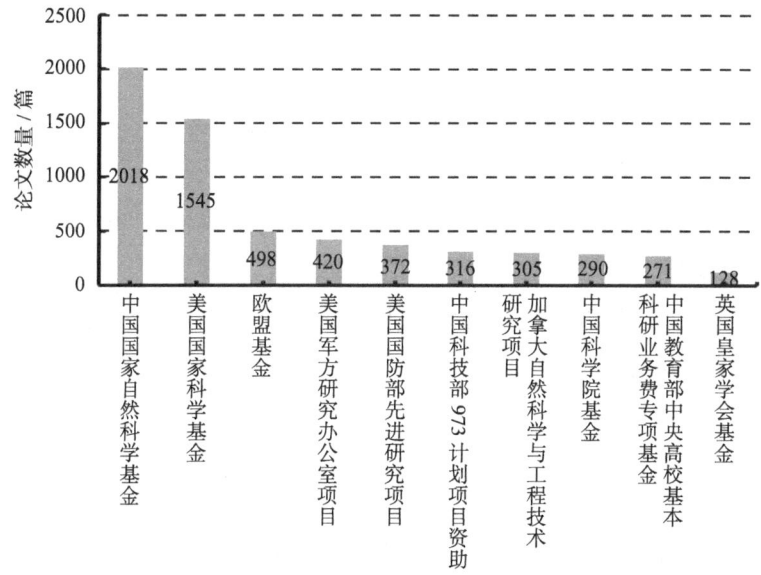

图 6-2　待评项目所在研究方向的主要基金分布

## 6.1.2　待评项目论文数量分布

该项目共产出论文 109 篇，其中 SCI 论文 103 篇，EI 论文 3 篇，还有 3 篇未检索到。其中 SCI 论文数量占比为 94.5%。

该项目具体 103 篇 SCI 论文的年度分布如图 6-3 所示。

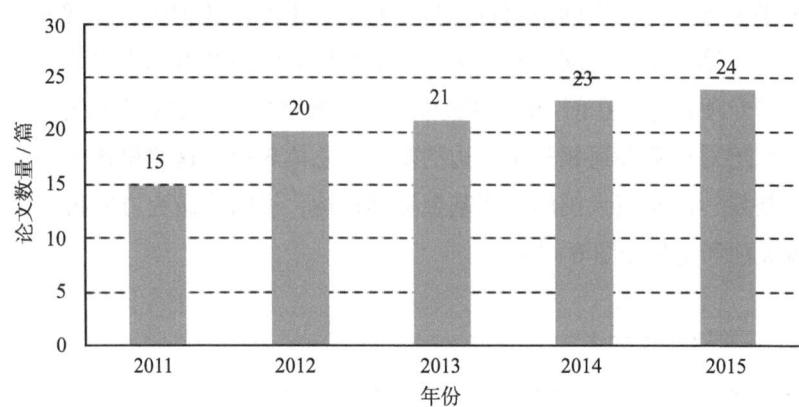

图6-3 项目产出SCI论文的年度分布

从图6-3可以看出,该领域SCI论文产出主要集中在2011—2015年,且呈现稳步增长趋势,年均发表SCI论文20.6篇。

根据图6-3可知,该973计划项目团队的研究水平在稳步提升中,同时项目团队也逐渐趋于成熟,已经成为所在研究领域中一股稳定的研究力量。

## 6.2 "点对点"比较

项目产出的109篇论文中发表在 *Nature*、*Science*、*Cell*、*PNAS* 四大名刊的论文有4篇;其中影响因子为期刊前10%的论文数量为63篇,占整个项目产出的57.80%;整个项目产出的103篇SCI论文的期刊都是影响因子前50%的期刊,占比为94.50%。这进一步体现了该973计划项目团队的水平在此研究领域中处于世界前沿。

整个数据集中有284篇论文的期刊来源为 *Nature*、*Science*、*Cell*、*PNAS* 四大名刊,占整个数据集的1.63%;有3021篇论文的来源为影响因子前10%的期刊,占整个数据集的17.38%;有13 161篇论文的来源为前50%期刊,占整个数据集的75.72%;有4220篇论文为其他论文,占整个数据集的24.28%(表6-1)。

表 6-1 待评项目所在研究方向的发文期刊分布　　　　　　　　　　　单位：篇

|  | *Nature*、*Science*、*Cell*、*PNAS* 论文数 | 前 10% 期刊论文数 | 前 50% 期刊论文数 | 其他论文数 | 合计 |
| --- | --- | --- | --- | --- | --- |
| 项目产出 | 4 | 63 | 103 | 6 | 109 |
| 整个数据集 | 284 | 3021 | 13 161 | 4220 | 17 381 |

项目产出论文在发表期刊影响因子为前 10% 期刊中的论文数量的占比、前 50% 期刊中的论文数量的占比都比整个数据集高；项目产出的 103 篇论文均发表在影响因子前 50% 期刊上，说明项目产出论文的发表期刊的影响力高于同学科平均水平。而数据集中还有 4220 篇论文发表在其他期刊上，这从一定程度上表明项目产出论文的质量水平在研究领域中处于较高的位置。

### 6.2.1 子方向分布

在整个有向引用网络的基础上，通过聚类分析，最终汇聚生成了 18 个子研究方向，其中待评项目的研究内容处于 6 个子研究方向上，分别是研究方向 3 电磁诱导透明（Electromagnetically Induced Transparency）、研究方向 4 量子密码分配（Quantum Key Distribution）、研究方向 5 量子纠缠（Quantum Entanglement）、研究方向 12 量子中继器（Quantum Repeater）、研究方向 15 多光子研究（Multiple-photon）和研究方向 17 冷原子（Cold Atoms）。这些研究内容位于整个技术领域的核心部分，起着连接其他研究方向的作用，如共振荧光光谱研究（Resonance Fluorescence）、超导研究（Superconductivity）等（图 6-4）。

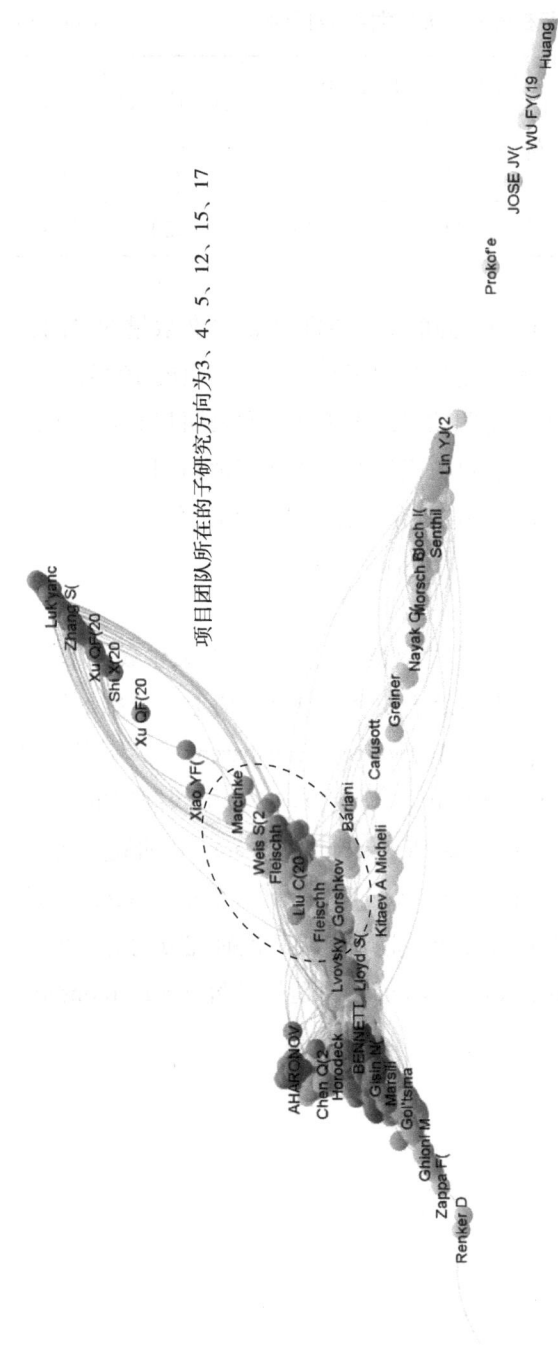

图 6-4　待评项目所在研究方向的子方向分布

### 6.2.2 国际合作

项目产出论文 109 篇,其中,国际合作论文 61 篇,占比为 56.0%,比项目领域的国际论文占比(30.2%)高很多。从国际合作度来看,项目产出的国际合作论文占比比整个研究方向的国际合作论文占比要高,说明项目产出论文的国际合作程度在整个研究方向中也处于较高水平(表6-2)。

表6-2 项目产出论文的国际合作情况

|  | 国际合作论文数量/篇 | 占比 |
| --- | --- | --- |
| 项目产出 | 61 | 56.0% |
| 研究方向 | 5250 | 30.2% |

整个研究方向,2 个国家合作发表的论文数量最多,约占总量的 21.5%,之后则是 3 个国家合作发表的论文,其论文数量为 1051 篇,约占总量的 6.1%。同时,合作国家数最多的 1 篇论文,包括 21 个国家(表6-3)。

表6-3 研究方向论文的国际合作情况

| 序号 | 合作国家数/个 | 数量/篇 | 序号 | 合作国家数/个 | 数量/篇 | 序号 | 合作国家数/个 | 数量/篇 |
| --- | --- | --- | --- | --- | --- | --- | --- | --- |
| 1 | 2 | 3745 | 6 | 7 | 25 | 11 | 12 | 1 |
| 2 | 3 | 1051 | 7 | 8 | 13 | 12 | 13 | 4 |
| 3 | 4 | 261 | 8 | 9 | 3 | 13 | 15 | 1 |
| 4 | 5 | 102 | 9 | 10 | 7 | 14 | 18 | 2 |
| 5 | 6 | 33 | 10 | 11 | 1 | 15 | 21 | 1 |

## 6.3 "点对线"比较

Global 视角被引分析是以总被引频次(SCI 中的 TC 字段)为指标进行分

析,该项目产出的 109 篇论文最高被引频次为 196 次,而这个研究方向单篇论文最高被引频次为 6484 次。项目产出的篇均被引频次为 16.77 次,这个研究方向的篇均被引频次为 40.57 次。

Local 视角被引分析是以研究方向论文集中的被引频次为指标进行分析,该项目产出的 109 篇论文在这个研究方向论文集中的最高被引频次为 182 次,整个研究方向单篇论文的最高被引频次为 1439 次;项目产出的篇均被引频次为 15.51 次,整个研究方向的篇均被引频次为 8.31 次,从这个角度来看,项目产出的论文在该研究方向中的影响力是高于平均水平的(表 6-4)。

表 6-4 项目产出论文的被引频次分析　　　　　　　　单位:次

|  | Global | | Local | |
| --- | --- | --- | --- | --- |
|  | 最高被引频次 | 篇均被引频次 | 最高被引频次 | 篇均被引频次 |
| 项目产出 | 196 | 16.77 | 182 | 15.51 |
| 研究方向 | 6484 | 40.57 | 1439 | 8.31 |

## 6.4 "点对面"比较

### 6.4.1 TopX 论文

TopX 论文从 4 个指标进行分析,分别为 0.1%、1%、10%、50%,其中 0.1% 代表顶尖论文、1% 代表杰出论文、10% 代表优秀论文、50% 代表不俗论文。该项目产出的 109 篇论文中,6 篇为杰出论文,占项目产出的 5.50%;19 篇为优秀论文,占项目产出的 17.43%;49 篇均为不俗论文,占项目产出的 44.95%。整体而言,项目产出的 109 篇论文质量相对较高,对该领域有一定的影响力(表 6-5)。

表 6-5 项目产出论文 TopX 论文数量及其占比　　　　　单位：篇

| 序号 | TopX | 论文数量 | 占比 |
| --- | --- | --- | --- |
| 1 | 0.1% | 0 | 0 |
| 2 | 1% | 6 | 5.50% |
| 3 | 10% | 19 | 17.43% |
| 4 | 50% | 49 | 44.95% |

整个研究方向 17 381 篇论文中，11 篇为顶尖论文，占比为 0.06%；145 篇为杰出论文，占比为 0.83%；1665 篇为优秀论文，占比为 9.58%；8103 篇为不俗论文，占比为 46.62%。将项目产出与整个研究方向进行对比发现，项目产出的 109 篇论文中的杰出论文、优秀论文的占比均比整个研究方向的高，反映了项目产出的论文质量在整个研究方向中处于较高水平，项目研究成果在该研究方向内有一定的权威性，对该研究方向的发展有积极的促进作用（表 6-6）。

表 6-6 整个研究方向的 TopX 论文数量及其占比　　　　　单位：篇

| 序号 | TopX | 论文数量 | 占比 |
| --- | --- | --- | --- |
| 1 | 0.1% | 11 | 0.06% |
| 2 | 1% | 145 | 0.83% |
| 3 | 10% | 1665 | 9.58% |
| 4 | 50% | 8103 | 46.62% |

### 6.4.2 相对影响力

这里的相对影响力是指论文的总被引频次与同领域所有论文的平均被引频次的比值，一篇论文的影响力可以用被引情况表示，一个研究方向的整体影响力的平均水平则可以由所有论文被引情况的平均值来表示，这个指标可以表征论文的影响力在所处研究方向的位置。

在这 17 381 篇论文所形成的研究方向中，相对影响力大于 1，即论文影响力高于平均水平的论文有 4609 篇，占比为 26.52%，其中，相对影响力最大为 147.12。

项目产出的 109 篇论文中，相对影响力大于 1 的有 53 篇，占比为 48.62%，其中影响力最大的为 2015 年发表在 *Nature* 上的一篇论文，其相对影响力为 17.14。从相对影响力角度来看，项目产出论文中有 48.62% 的论文的相对影响力都高于平均水平，这个比例比整个研究领域的 26.52% 超出很多，说明项目产出论文的整体实力与整个研究方向的产出论文相比也较高。具体相对影响力论文数量分布如表 6-7 所示。

表 6-7　项目论文与整个研究方向中相对影响力较高的论文分布　　　　单位：篇

| 序号 | 相对影响力 | 项目论文数量 | 研究方向论文数量 |
| --- | --- | --- | --- |
| 1 | 0.1% | 12 | 3094 |
| 2 | 1% | 0 | 10 |
| 3 | 10% | 2 | 1409 |
| 4 | 50% | 24 | 5267 |
| 5 | 1 | 12 | 2992 |
| 6 | >1 | 53 | 4609 |

## 6.5　"点对网"比较

中心度表征的是论文在整体网络中所处的位置及其影响力。根据数据处理结果，项目研究领域的 17 381 篇论文中，点度中心度最大值为 1439，接近中心度最大值为 0.245 886，中介中心度最大值为 0.006 483。

### 6.5.1　点度中心度

在研究方向的 17 381 篇论文中，点度中心度为 0 的论文有 6907 篇，占比为 39.74%，最高值为 1439，点度中心度值大于 100 的论文有 205 篇，即研究方向论文中有 1.18% 的论文与至少 100 篇以上论文有直接联系（表 6-8）。

表6-8 研究方向中点度中心度排前100名的论文分布

| 序号 | 论文 | 点度中心度 | 序号 | 论文 | 点度中心度 |
| --- | --- | --- | --- | --- | --- |
| 1 | Fleischhauer M（2005） | 1439 | 27 | Lo H K（1999） | 365 |
| 2 | Gisin N（2002） | 1246 | 28 | Zhang S（2008） | 365 |
| 3 | Ekert A K（1991） | 1092 | 29 | Raussendorf R（2001） | 360 |
| 4 | Knill E（2001） | 830 | 30 | Liu N（2009） | 348 |
| 5 | Bennett C H（1993） | 774 | 31 | Wang X B（2005） | 341 |
| 6 | Duan L M（2001） | 693 | 32 | Eisaman M D（2005） | 324 |
| 7 | Liu C（2001） | 668 | 33 | Gol'tsman G N（2001） | 319 |
| 8 | Phillips D F（2001） | 635 | 34 | Chaneliere T（2005） | 316 |
| 9 | Fleischhauer M（2000） | 585 | 35 | Gottesman D（2004） | 312 |
| 10 | Einstein A（1935） | 546 | 36 | Bennett C H（1996） | 311 |
| 11 | Shor P W（2000） | 525 | 37 | Bennett C H（1996） | 301 |
| 12 | Briegel H J（1998） | 512 | 38 | Wootters W K（1998） | 291 |
| 13 | Clauser J F（1969） | 502 | 39 | Hillery M（1999） | 290 |
| 14 | Bennett C H（1992） | 451 | 40 | Kimble H J（2008） | 290 |
| 15 | Deng F G（2003） | 421 | 41 | Long G L（2002） | 277 |
| 16 | Hwang W Y（2003） | 408 | 42 | Wootters W K（1982） | 275 |
| 17 | Hong C K（1987） | 406 | 43 | Brassard G（2000） | 271 |
| 18 | Lukin M D（2003） | 404 | 44 | Horodecki R（2009） | 269 |
| 19 | Bennett C H（1992） | 397 | 45 | Julsgaard B（2004） | 268 |
| 20 | Bouwmeester D（1997） | 392 | 46 | Fleischhauer M（2002） | 266 |
| 21 | Bennett C H（1992） | 386 | 47 | Takesue H（2007） | 262 |
| 22 | Lo H K（2005） | 385 | 48 | Gobby C（2004） | 244 |
| 23 | Kash MM（1999） | 384 | 49 | Lvovsky A I（2009） | 237 |
| 24 | Scarani V（2009） | 384 | 50 | Lin Y J（2011） | 234 |
| 25 | Kok P（2007） | 375 | 51 | Zukowski M（1993） | 228 |
| 26 | Kwiat P G（1995） | 369 | 52 | Furusawa A（1998） | 226 |

续表

| 序号 | 论文 | 点度中心度 | 序号 | 论文 | 点度中心度 |
|---|---|---|---|---|---|
| 53 | Choi K S(2008) | 222 | 77 | Michler P(2000) | 183 |
| 54 | Mayers D(2001) | 221 | 78 | Deutsch D(1996) | 183 |
| 55 | Sangouard N(2011) | 221 | 79 | Pan J W(2012) | 182 |
| 56 | Werner R F(1989) | 221 | 80 | Bennett C H(1996) | 180 |
| 57 | Cirac JI(1997) | 220 | 81 | Xu Q F(2006) | 179 |
| 58 | Harris S E(1989) | 218 | 82 | Walther P(2005) | 178 |
| 59 | Acin A(2007) | 217 | 83 | Ursin R(2007) | 178 |
| 60 | Ma X F(2005) | 216 | 84 | Liu N(2010) | 177 |
| 61 | Ollivier H(2002) | 209 | 85 | Greenberger D M(1990) | 177 |
| 62 | Papasimakis N(2008) | 206 | 86 | Dur W(2000) | 176 |
| 63 | Bostrom K(2002) | 205 | 87 | Santori C(2002) | 173 |
| 64 | Braunstein S L(2005) | 203 | 88 | Barrett S D(2005) | 172 |
| 65 | Peres A(1996) | 203 | 89 | Zhang J Y(2012) | 172 |
| 66 | Longdell J J(2005) | 199 | 90 | Henderson L(2001) | 171 |
| 67 | O'Brien J L(2003) | 197 | 91 | Lydersen L(2010) | 171 |
| 68 | Lukin M D(2001) | 194 | 92 | Scarani V(2004) | 169 |
| 69 | Bajcsy M(2003) | 194 | 93 | Wang P J(2012) | 169 |
| 70 | Kuzmich A(2003) | 193 | 94 | Cheuk L W(2012) | 167 |
| 71 | James D F V(2001) | 191 | 95 | SHOR P W(1995) | 165 |
| 72 | Tassin P(2009) | 190 | 96 | Boschi D(1998) | 164 |
| 73 | Deng F G(2004) | 188 | 97 | Grosshans F(2002) | 161 |
| 74 | Luk'yanchuk B(2010) | 186 | 98 | Browne D E(2005) | 161 |
| 75 | Aspect A(1982) | 185 | 99 | Hammerer K(2010) | 160 |
| 76 | Hadfield R H(2009) | 184 | 100 | Briegel H J(2001) | 157 |

项目产出论文 109 篇,其中有 4 篇的点度中心度值大于 100,有 13 篇论文为 0,说明有 11.93% 的论文与其他论文没有直接联系(表 6-9)。项目产出论文中点度中心度值最大为 182,在整个研究方向论文中位于前 10%,处于点度中心度排名前 100 位中的第 79 位。此外,项目组发表的论文中,还有 1 篇论文为前 100 位中的第 89 位,其点度中心度值为 172。

表 6-9　项目论文中点度中心度大于 10 的论文分布

| 序号 | 论文 | 点度中心度 | 序号 | 论文 | 点度中心度 |
| --- | --- | --- | --- | --- | --- |
| 1 | Pan J W(2012) | 182 | 18 | Liu Y(2012) | 22 |
| 2 | Zhang J Y(2012) | 172 | 19 | Yu S X(2012) | 20 |
| 3 | Chen Q(2011) | 107 | 20 | Bao X H(2012) | 19 |
| 4 | Yao X C(2012) | 101 | 21 | Tang Y L(2013) | 19 |
| 5 | He Y M(2013) | 78 | 22 | Tang Y L(2014) | 19 |
| 6 | Liu Y(2013) | 71 | 23 | Zhang C J(2011) | 18 |
| 7 | Yin J(2012) | 70 | 24 | Dai H N(2012) | 16 |
| 8 | Zhang H(2011) | 53 | 25 | Wang J F(2013) | 15 |
| 9 | Yao X C(2012) | 51 | 26 | Zhang P(2012) | 14 |
| 10 | Wu S J(2011) | 42 | 27 | Wu S J(2013) | 14 |
| 11 | Yu S X(2012) | 38 | 28 | Zhang L(2013) | 12 |
| 12 | Hou S C(2011) | 37 | 29 | Cai X D(2013) | 12 |
| 13 | Bao X H(2012) | 36 | 30 | Liu Y(2014) | 12 |
| 14 | Ji S C(2014) | 36 | 31 | Wei Y J(2014) | 12 |
| 15 | Zhu X M(2011) | 34 | 32 | Wang X L(2015) | 11 |
| 16 | Wang J Y(2013) | 34 | 33 | Zhang C J(2011) | 10 |
| 17 | Chen K(2013) | 31 | 34 | Yin J(2013) | 10 |

## 6.5.2 接近中心度

在研究方向的 17 381 篇论文中，接近中心度为 0 的论文有 6925 篇，占比为 39.84%，最高值为 0.245 886，接近中心度值大于 0.1 的论文有 378 篇，即研究方向中接近中心度前 2.2% 的论文与中心点距离较近（表 6-10）。项目产出论文 109 篇，有 20 篇论文为 0，占比为 18.35%。项目产出论文中接近中心度值最大为 0.029 254，在整个研究方向论文中位于前 20%。

表 6-10 研究方向中接近中心度排前 100 名的论文分布

| 序号 | 论文 | 接近中心度 | 序号 | 论文 | 接近中心度 |
|---|---|---|---|---|---|
| 1 | Ekert A K（1991） | 0.245 886 | 17 | Bennett C H（1992） | 0.207 711 |
| 2 | Einstein A（1935） | 0.243 968 | 18 | Cirac J I（1997） | 0.206 675 |
| 3 | Bennett C H（1993） | 0.239 199 | 19 | Hong C K（1987） | 0.206 355 |
| 4 | Knill E（2001） | 0.226 766 | 20 | Dur W（1999） | 0.204 218 |
| 5 | Clauser J F（1969） | 0.224 631 | 21 | Bennett C H（1992） | 0.201 232 |
| 6 | ASPECT A（1982） | 0.224 332 | 22 | Bennett C H（1992） | 0.201 225 |
| 7 | Bennett C H（1996） | 0.222 787 | 23 | Steane A M（1996） | 0.201 165 |
| 8 | Briegel H J（1998） | 0.221 219 | 24 | Kwiat P G（1995） | 0.201 060 |
| 9 | Bouwmeester D（1997） | 0.218 539 | 25 | Bennett C H（1996） | 0.201 015 |
| 10 | Gisin N（2002） | 0.216 914 | 26 | Aspect A（1982） | 0.200 748 |
| 11 | Zukowski M（1993） | 0.210 936 | 27 | Franson J D（1989） | 0.199 920 |
| 12 | Boschi D（1998） | 0.210 823 | 28 | Lo H K（1999） | 0.197 790 |
| 13 | Shor P W（1995） | 0.210 522 | 29 | Clauser J F（1978） | 0.197 547 |
| 14 | Wootters W K（1982） | 0.210 430 | 30 | Knill E（1998） | 0.197 506 |
| 15 | Deutsch D（1996） | 0.209 329 | 31 | Bell J S（1966） | 0.197 432 |
| 16 | Shih Y H（1988） | 0.208 922 | 32 | Aspect A（1981） | 0.196 458 |

续表

| 序号 | 论文 | 接近中心度 | 序号 | 论文 | 接近中心度 |
|---|---|---|---|---|---|
| 33 | Mattle K（1996） | 0.196 342 | 55 | Kuhn A（2002） | 0.187 734 |
| 34 | Duan L M（2001） | 0.195 499 | 56 | Calderbank A R（1997） | 0.186 977 |
| 35 | Tittel W（1998） | 0.194 787 | 57 | Calderbank A R（1996） | 0.186 817 |
| 36 | Furusawa A（1998） | 0.194 662 | 58 | Werner R F（1989） | 0.186 481 |
| 37 | Parkins A S（1993） | 0.193 759 | 59 | Rarity J G（1990） | 0.186 329 |
| 38 | Gisin N（1996） | 0.193 426 | 60 | Clauser J F（1974） | 0.185 955 |
| 39 | Burnham D C（1970） | 0.193 160 | 61 | Deutsch D（1992） | 0.184 151 |
| 40 | Shor P W（2000） | 0.192 411 | 62 | Ekert A（1996） | 0.183 500 |
| 41 | Hong C K（1985） | 0.192 067 | 63 | Kurtsiefer C（2000） | 0.183 238 |
| 42 | Freedman S J（1972） | 0.191 976 | 64 | Hughes R J（2000） | 0.182 403 |
| 43 | Schrodinger E（1935） | 0.191 772 | 65 | Mermin N D（1990） | 0.181 304 |
| 44 | KImble H J（1977） | 0.191 476 | 66 | Bouwmeester D（1999） | 0.181 225 |
| 45 | Kitaev A Y（1997） | 0.191 203 | 67 | Weinfurter H（1994） | 0.181 088 |
| 46 | Michler P（2000） | 0.191 202 | 68 | Fleischhauer M（2000） | 0.180 424 |
| 47 | Shor P W（1997） | 0.191 189 | 69 | Weihs G（1998） | 0.180 290 |
| 48 | Greenberger D M（1990） | 0.190 726 | 70 | Brune M（1990） | 0.180 106 |
| 49 | Ou Z Y（1988） | 0.190 667 | 71 | Reck M（1994） | 0.180 056 |
| 50 | Peres A（1996） | 0.190 172 | 72 | Grangier P（1986） | 0.180 056 |
| 51 | Phillips D F（2001） | 0.190 126 | 73 | Horodecki M（1996） | 0.179 982 |
| 52 | Liu C（2001） | 0.189 594 | 74 | Sleator T（1995） | 0.179 974 |
| 53 | Gottesman D（1996） | 0.189 191 | 75 | Santori C（2001） | 0.179 717 |
| 54 | Glauber R J（1963） | 0.188 074 | 76 | Glauber R J（1963） | 0.179 646 |

续表

| 序号 | 论文 | 接近中心度 | 序号 | 论文 | 接近中心度 |
|---|---|---|---|---|---|
| 77 | Kuzmich A（2003） | 0.179 505 | 89 | Lutkenhaus N（1999） | 0.175 626 |
| 78 | Brouri R（2000） | 0.179 463 | 90 | Feynman R P（1982） | 0.175 048 |
| 79 | Horne M A（1989） | 0.179 437 | 91 | Brassard G（2000） | 0.174 912 |
| 80 | Mayers D（1997） | 0.178 802 | 92 | Tittel W（2000） | 0.174 610 |
| 81 | Julsgaard B（2001） | 0.178 437 | 93 | Massar S（1995） | 0.174 449 |
| 82 | Grover L K（1997） | 0.178 136 | 94 | Nogues G（1999） | 0.174 124 |
| 83 | Popescu S（1994） | 0.177 887 | 95 | Brendel J（1999） | 0.174 063 |
| 84 | Pan J W（1998） | 0.177 886 | 96 | Braunstein S L（1995） | 0.173 724 |
| 85 | Gottesman D（1999） | 0.177 502 | 97 | Sackett C A（2000） | 0.173 321 |
| 86 | Bennett C H（1996） | 0.176 913 | 98 | Schrodinger E（1935） | 0.173 270 |
| 87 | vanEnk S J（1997） | 0.176 387 | 99 | Brunel C（1999） | 0.173 235 |
| 88 | Zeilinger A（1997） | 0.175 885 | 100 | Michler M（1996） | 0.173 035 |

### 6.5.3 中介中心度

中介中心度测量的是论文在多大程度上影响其他论文。如果一篇论文的中介中心度为0，那么该论文处于网络的边缘，与其他论文没有联系；如果一篇论文的中介中心度为1，则说明该论文处于网络核心，具有较大影响力。

在研究方向的17 381篇论文中，中介中心度为0的论文有8260篇，占比为47.52%，最高值为0.006 483，中介中心度值大于0.000 1的论文有343篇，即研究方向中中介中心度前2%左右的论文相对影响力较大（表6-11）。

表6-11 研究方向中中介中心度排前100名的论文分布

| 序号 | 论文 | 中介中心度 | 序号 | 论文 | 中介中心度 |
|---|---|---|---|---|---|
| 1 | Micnas R（1990） | 0.006 483 | 26 | Ladd T D（2010） | 0.000 962 |
| 2 | Bariani F（2010） | 0.006 394 | 27 | Kimble H J（2008） | 0.000 941 |
| 3 | Greiner M（2002） | 0.006 122 | 28 | Zhao B（2009） | 0.000 924 |
| 4 | Georges A（1996） | 0.006 044 | 29 | Pan J W（2012） | 0.000 922 |
| 5 | Elstner N（1999） | 0.005 972 | 30 | Kok P（2007） | 0.000 918 |
| 6 | Lukin M D（2003） | 0.005 640 | 31 | Ma X S（2011） | 0.000 803 |
| 7 | Wang X B（2007） | 0.005 025 | 32 | Knill E（2001） | 0.000 792 |
| 8 | Ha L C（2015） | 0.004 972 | 33 | Eisaman M D（2011） | 0.000 774 |
| 9 | Schnorrberger U（2009） | 0.004 140 | 34 | Hammerer K（2010） | 0.000 764 |
| 10 | Hayashi M（2007） | 0.002 989 | 35 | Tanzilli S（2005） | 0.000 753 |
| 11 | Bloch I（2008） | 0.002 936 | 36 | Volz J（2006） | 0.000 708 |
| 12 | Fleischhauer M（2005） | 0.002 688 | 37 | Sangouard N（2011） | 0.000 705 |
| 13 | Tanaka A（2008） | 0.002 552 | 38 | Weedbrook C（2012） | 0.000 692 |
| 14 | Hamner C（2014） | 0.001 846 | 39 | Fu Z K（2014） | 0.000 687 |
| 15 | Dixon A R（2008） | 0.001 578 | 40 | Saffman M（2010） | 0.000 686 |
| 16 | Hadfield R H（2009） | 0.001 444 | 41 | Natarajan C M（2012） | 0.000 679 |
| 17 | Gisin N（2002） | 0.001 321 | 42 | Matsukevich D N（2004） | 0.000 659 |
| 18 | van der Wal C H（2003） | 0.001 144 | 43 | Thew R T（2006） | 0.000 626 |
| 19 | Struck J（2011） | 0.001 126 | 44 | Ku M J H（2012） | 0.000 615 |
| 20 | Bloch I（2012） | 0.001 078 | 45 | Campostrini M（2006） | 0.000 614 |
| 21 | Scarani V（2009） | 0.001 029 | 46 | Ji S C（2014） | 0.000 607 |
| 22 | Phillips N B（2008） | 0.001 000 | 47 | Sasaki M（2011） | 0.000 598 |
| 23 | Chen Q J（2005） | 0.000 967 | 48 | Deng Y J（2005） | 0.000 589 |
| 24 | Lvovsky A I（2009） | 0.000 967 | 49 | Goulko O（2010） | 0.000 566 |
| 25 | Gorshkov A V（2007） | 0.000 962 | 50 | Mishina O S（2007） | 0.000 561 |

续表

| 序号 | 论文 | 中介中心度 | 序号 | 论文 | 中介中心度 |
| --- | --- | --- | --- | --- | --- |
| 51 | Yao X C（2012） | 0.000 557 | 76 | Braunstein S L（2005） | 0.000 374 |
| 52 | Yuan Z S（2008） | 0.000 553 | 77 | Gorshkov A V（2007） | 0.000 374 |
| 53 | Sangouard N（2008） | 0.000 537 | 78 | Chin C（2010） | 0.000 370 |
| 54 | Guhne O（2009） | 0.000 521 | 79 | Astrakharchik G E（2005） | 0.000 369 |
| 55 | Bonato C（2009） | 0.000 519 | 80 | Horodecki R（2009） | 0.000 367 |
| 56 | Gisin N（2007） | 0.000 515 | 81 | Stucki D（2009） | 0.000 364 |
| 57 | Briegel H J（2009） | 0.000 508 | 82 | Zhao R（2009） | 0.000 364 |
| 58 | Ritsch H（2013） | 0.000 502 | 83 | O'Brien J L（2009） | 0.000 362 |
| 59 | Marsili F（2013） | 0.000 481 | 84 | Perali A（2004） | 0.000 360 |
| 60 | Zoller P（2005） | 0.000 470 | 85 | Kim K（2010） | 0.000 356 |
| 61 | Julsgaard B（2004） | 0.000 466 | 86 | Eraerds P（2007） | 0.000 354 |
| 62 | Ralph T C（2006） | 0.000 463 | 87 | Rosenberg D（2009） | 0.000 351 |
| 63 | Aspuru-Guzik A（2012） | 0.000 460 | 88 | Safavi-Naeini A H（2011） | 0.000 348 |
| 64 | Kaltenbaek R（2010） | 0.000 459 | 89 | Chen Y A（2008） | 0.000 340 |
| 65 | Punk M（2007） | 0.000 456 | 90 | Kampschulte T（2010） | 0.000 337 |
| 66 | Blinov B B（2004） | 0.000 454 | 91 | Liu Y（2010） | 0.000 336 |
| 67 | Dalibard J（2011） | 0.000 450 | 92 | Pan J W（2000） | 0.000 323 |
| 68 | Peng C Z（2005） | 0.000 449 | 93 | Wang X B（2009） | 0.000 323 |
| 69 | Hu H（2007） | 0.000 448 | 94 | Duan L M（2001） | 0.000 316 |
| 70 | Appel J（2008） | 0.000 428 | 95 | Wang X B（2008） | 0.000 305 |
| 71 | Barreiro J T（2005） | 0.000 417 | 96 | Lydersen L（2011） | 0.000 298 |
| 72 | Chaneliere T（2005） | 0.000 394 | 97 | Xu F X（2009） | 0.000 293 |
| 73 | Fu Z K（2013） | 0.000 391 | 98 | Majos S S（2008） | 0.000 290 |
| 74 | Choi K S（2008） | 0.000 385 | 99 | Zhang Y P（2013） | 0.000 290 |
| 75 | Ritter S（2012） | 0.000 377 | 100 | Mucke M（2010） | 0.000 289 |

项目产出论文 109 篇，有 20 篇论文中介中心度为 0，占比为 18.35%。项目产出论文中中介中心度值最大为 0.000 921 687，位于研究方向论文集的前 20%。

## 6.6 综合评价后的对策建议

### 6.6.1 综合评价

如图 6-5 所示，绿色节点表征的是项目产出的论文，而黄色节点体现的是研究方向论文。横轴是点度中心度，纵轴是中介中心度，即横轴体现的是研究成果的绝对研究水平，而纵轴展示的是研究成果在整个研究方向的相对影响力。

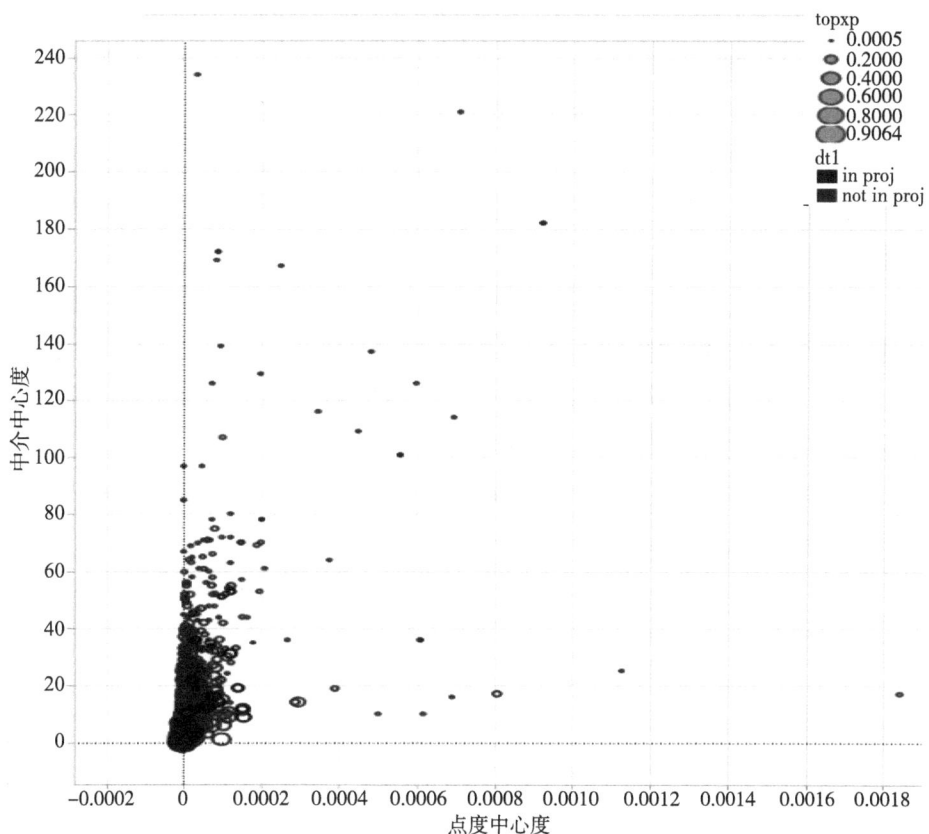

图 6-5 综合评价可视化分析

综合项目产出所有论文在图中的分布，我们发现待评项目已经达到国际优秀水平，甚至部分研究成果已经达到国际顶尖水平，在其研究方向中有很强的影响力。

### 6.6.2 对策建议

① 论文发表期刊角度。项目产出论文在世界四大名刊、前10%期刊、前50%期刊的占比均要优于研究方向整体状况。由此，可以初步认为待评项目的研究成果要高于同方向世界平均水平。

② 国际合作角度。待评项目国际合作产出状况要比研究方向整体状况高很多，即待评项目的国际合作化水平要高于整个研究方向的情况，团队也更与国际接轨。

③ 被引角度。待评项目产出论文在篇均被引指标上高于研究方向平均水平，体现了待评项目的研究水平要高于研究方向平均水平。

④ Top$X$论文角度。项目产出论文在杰出论文、优秀论文上的表现均优于研究方向平均水平，但是因为没有顶尖论文产出，所以项目还有待进一步加强。

⑤ 相对影响力角度。项目整体相对影响力水平要高于研究方向总体平均水平，甚至约有11%的研究成果达到世界顶尖之列。

⑥ 中心度角度。从单篇论文来看，项目产出的论文具有一定的影响力，部分论文的影响力达到研究方向的顶尖水平。

综上所述，待评项目已经达到国际优秀水平，甚至部分研究成果已经达到国际顶尖水平，在其研究方向中有很大的影响力。

# 应用研究类项目后评估研究

针对应用研究类项目的主要科研产出是技术发明,下面以某国家级应用研究类项目结题后的科研产出为例,开展对标计量分析的实证评价实践。

# 7 某应用研究项目概况

## 7.1 项目背景

水体污染控制与治理科技重大专项（简称"水专项"）是为实现中国经济社会又好又快发展，调整经济结构，转变经济增长方式，缓解我国能源、资源和环境的瓶颈制约，根据《国家中长期科学和技术发展规划纲要（2006—2020年）》设立的16个重大科技专项之一，旨在为中国水体污染控制与治理提供强有力的科技支撑。

根据《国家中长期科学和技术发展规划纲要（2006—2020年）》要求，按照"自主创新、重点跨越、支撑发展、引领未来"的环境科技指导方针，水污染治理专项从理论创新、体制创新、机制创新和集成创新出发，立足中国水污染控制和治理关键科技问题的解决与突破，遵循集中力量解决主要矛盾的原则，选择典型流域开展水污染控制与水环境保护的综合示范。

经过15年的协同攻关，该项目已经在水体"控源减排"关键技术、"减负修复"关键技术、"综合调控"成套关键技术等方面取得了一些进展。此外，在工业污染源控制与治理、农业面源污染控制与治理、城市污水处理与资源化、水体水质净化与生态修复、饮用水安全保障及水环境监控预警与管理等水污染控制与治理等关键技术和共性技术方面，也取得了一定的突破。

## 7.2 项目概况

该项目包含的课题主要是从湖泊污染控制与治理、河流污染控制与治理、城市水环境污染控制与治理、饮用水污染控制与治理、流域水污染监控、水污染控制与治理的战略与政策等几个方面开展。具体研究内容为以下几个方面。

① 湖泊污染控制与治理。我国湖泊富营养化及流域水污染问题十分突出，严重影响湖区人民的生产生活与饮用水安全，极大地制约了区域社会经济的可持续发展。

② 河流污染控制与治理。针对我国主要流域水系经济发展的阶段性特点，以影响我国河流水功能与水生态系统健康的耗氧有机物、氮磷营养物、重金属、有机有毒污染物为控制与治理目标，通过技术集成和综合示范，达到大幅削减入河污染物负荷、显著改善河流水质、初步恢复水生态系统功能结构的目标。

③ 城市水环境污染控制与治理。针对我国城镇污水处理设施不足、水循环系统脆弱、水环境质量下降、水功能退化等问题，系统分析研究影响城镇水环境质量的突出因素、控制途径和系统解决方案，开展城市水环境系统决策规划与管理、城镇污水收集与处理、地表径流污染控制、工业园区污染源控制、城市水功能恢复与生态景观建设、城市水环境设施监控管理等方面的技术研发、技术集成和综合示范，突破城市水环境综合整治系统的整体设计、全过程运行控制和水体生态修复技术，形成一系列基于城市水环境系统良性循环理念的综合整治技术方案。

④ 饮用水污染控制与治理。基于我国水体普遍遭受污染的现实状况，针对不同水源类型、不同水质特征和不同供水系统存在的安全隐患，研究构建集水源保护、净化处理、安全输配、水质监测、风险评估、应急处置于一体的饮用水安全保障技术和监管体系，通过技术研发、技术集成和综合示范，持续提升我国饮用水安全保障能力。

⑤ 流域水污染监控。针对当前我国水环境管理技术体系不健全的紧迫问题，结合国家污染物总量控制预监控需要的"三大体系"建设的技术需求，系统地开展流域水生态功能区划理论与方法研究，建立水生态功能区划分指标体系，建立全国水生态功能分区技术框架，构建我国流域水环境管理技术体系。

⑥ 水污染控制与治理的战略与政策。针对水污染防治工作中涉及的决策支持、体制机制、环境政策问题，从流域、河流、城市水环境管理制度设计

及水资源配置、污水处理到环境资源配置等各个环节，研究适用于我国经济社会特点的财政、税收、价格、投资、处罚、补偿和信息公开等水环境管理政策体系，为流域水污染控制目标的实现提供经济保障和技术保障。

该项目的立项和成功实施，将会使我国在湖泊污染控制与治理、河流污染控制与治理、城市水环境污染控制与治理、饮用水污染控制与治理、流域水污染监控、水污染控制与治理的战略与政策等方面产生一些原创性的有重要意义的处于国际或国内领先水平的成果，并在水体"控源减排"和水体"减负修复"等方面形成具有自主知识产权的处于国际或国内领先水平的关键技术，甚至在流域水环境"综合调控"方面形成成套的关键技术，以及具有市场价值和社会价值的产品。

这将为构筑具有我国自主知识产权的水体污染控制与治理的理论、方法、模型、技术、产品、装备、设备等方面做出重要贡献，解决制约我国社会经济发展的重大水污染问题，推动我国经济社会高质量发展。

# 8　应用研究类项目对标计量分析总体方案

一般来说,"水专项"产出形式主要有著作、论文、专利、标准、仪器、设备等。其中,专利产出相对较多,且作为创新链中技术科学的体现,可以有效联系创新链的基础科学(论文是主要产出)和创新链的工程技术(材料、装置、仪器、系统、设备、装备等是主要产出),在评估项目的绩效方面具有独特的作用。

目前,国内外针对专利的质量或者影响进行评估的研究已有很多,可以分为定性评估与定量评估两种。在定量评估方面,专利相关指标主要可以划分为3个层面的应用,分别是宏观专利计量分析、中观专利计量分析和微观专利计量分析。

宏观专利计量,适用于国家层面的评价和比较,或者是具体领域或者行业的分析比较。其专利指标主要有历年专利授权量、技术集中度、技术生长率、技术成熟系数、技术衰老系数、技术强度、三方专利量、PCT申请数等。中观专利计量,主要应用于企业层面的对标分析和比较评价,其专利指标主要有专利授权率、专利增长率、当前影响指数、技术力量、相对研发能力、企业研发重点、企业活性因子、技术独立性、专利效率、专利实施率、技术影响力指数、平均专利被引次数、相对专利被引证率、引用频率、科学关联度、科学强度、发明专利率、H指数、G指数等。在微观专利计量方面,专利指标有科学关联度、技术覆盖范围、权利要求数、前向引文量、后向引文量、同族专利数量等,主要应用于小样本专利集合分析和比较,其中部分指标也可以适当应用于单项同类专利的比较。

"水专项"的专利产出,要高于中观层面的专利评估,同时也低于宏观视角的专利评估,故而需要集成宏观专利计量指标和中观专利计量指标,并结合我国科研评价的准则,以及"水专项"的"解决实际问题"特征,创新性地设计评估维度和计量评价指标。

下面从产出、效果和影响等 3 个维度展开对标计量分析，同时综合专利集技术情报、经济情报、商业情报、管理情报等于一体的特征，采用图 8-1 的综合性指标体系实现。

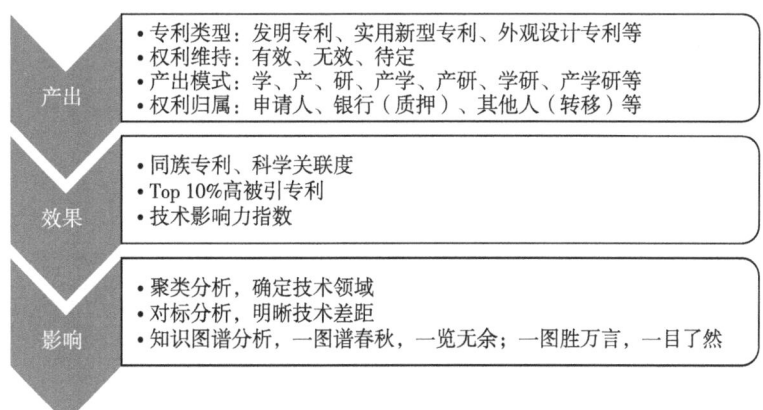

图 8-1　"水专项"专利的定量评估维度

## 8.1　专利绩效评估法

### 8.1.1　基于技术特征的专利产出表征

专利本质上是一种新的技术方案，是由多个技术特征（technical specification）组成的，故而每一项专利可以被描述成：

$$P_i = \{TS_1, TS_2, \cdots, TS_n\}, \quad (8-1)$$

式中，专利 $P_i$ 包括 $n$ 个技术特征，分别是 $TS_1$, $TS_2$, $\cdots$, $TS_n$。

这样"水专项"的专利产出就可以看成一个专利集合，其中每一项专利又有不同的技术特征，不同的技术特征会出现在不同的专利中，从而将"水专项"的专利集合，形成一个涵盖所有技术特征的完整集合。

$$F_w = \{P_1, P_2, \cdots, P_m\}, \quad (8-2)$$

式中，"水专项"合计产出了 $m$ 项专利，这样 $m$ 项专利就可以采用以技术特征为点，以技术特征与技术特征之间的关联为连线的技术网络表示。

如图 8-2 所示,每个节点表示技术特征,节点与节点之间的连线表示技术特征与技术特征出现在一项专利中。其中,节点的大小,与技术特征出现的频次成正比;连线的粗细,与连线两端技术特征共同出现的频次成正比;节点的颜色,体现的是技术特征首次出现的时间;连线的颜色,体现的是技术特征与技术特征共同出现的时间。

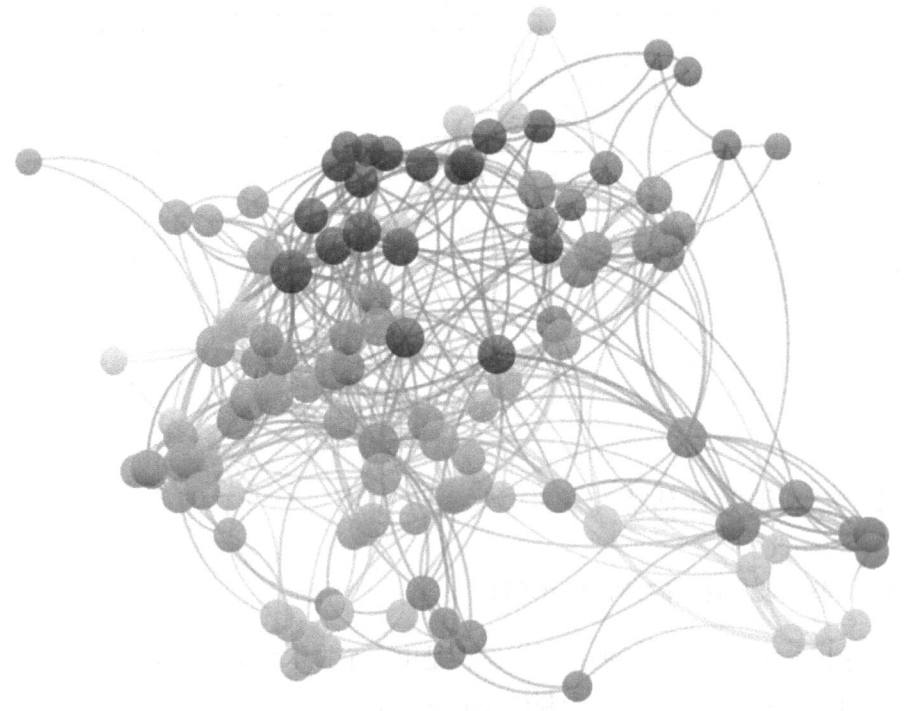

图 8-2 "水专项"专利产出的技术网络表征(见书末彩插)

## 8.1.2 专利聚类识别技术领域

聚类分析指利用客观的数学分析方法,按照事物某些属性的相近程度对数据集进行分组,通过把具有相似属性的事物放在一个类里,从而实现把要分析的数据集分成不同的群组,这些有意义的不同的类可以称为一个聚类。聚类的目的是使属于同一类的个体之间具有相同的特性,彼此间距离尽量小，而不同类别个体间的距离尽可能大，且类与类之间存在显著差别。

专利聚类分析将专利数据集中的专利按照技术特征聚成不同的类，以揭示整个专利数据集的类别构成，这里的类别可以称之为技术领域，即通过对专利数据集的聚类分析，尤其是针对专利的具体技术特征聚类分析，可以确定整个专利数据集的技术领域分布。

这样在以专利聚类确定技术领域的基础上，可以进一步实现"水专项"专利的分布情况，从而进一步实现后续的对标分析，明晰"水专项"在不同技术领域的产出、效果、影响等。

## 8.2 确定对象

"水专项"的专利产出可以作为目标对象（命名为：Data1），同时选择对标对象进行比较分析。在后续分析中，本章将抽取"水专项"以外，国内科研机构、企业或个人申请（以第一专利权人的地址界定）的国内外专利作为对标对象（命名为：Data2），以体现国内研究水平（包括中国香港和中国澳门，不包括中国台湾申请的专利）；同时抽取国外科研机构、企业或个人申请（以第一专利权人的地址界定）的国内外专利作为另一个对标对象（命名为：Data3），以体现国际研究水平。

通过比较"水专项"与"国内研究水平"和"国际研究水平"，确定"水专项"的研究位置，尤其要聚焦到不同技术领域层面。

在数据集1、数据集2和数据集3分别形成的技术网络的基础上，通过每个技术网络中共有的技术特征，可以将3个技术网络最后连接成为一个整体的技术网络，如图8-3所示。

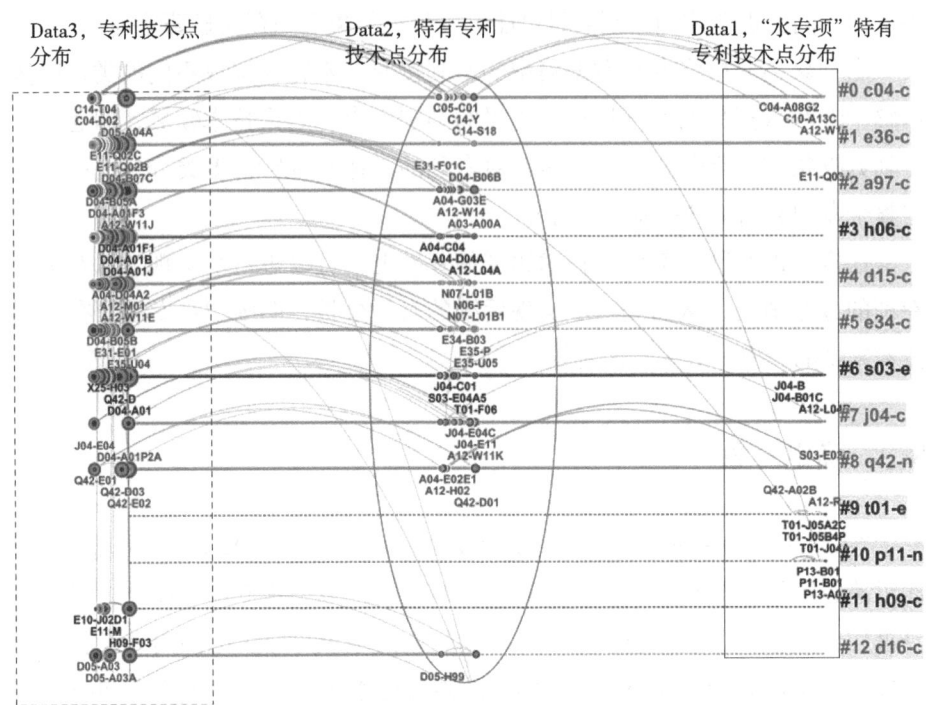

图 8-3 对标计量视角下的专利绩效评估模型（见书末彩插）

在全球技术网络的基础上，进一步进行聚类分析，可以将全球该技术划分为 13 个技术领域，即 #0—#12。其中，每个技术领域的名称是 #0—#12 后边的标签，即 c04-C、e36-C、a97-C、…、d16-C。

在整个模型中，横轴是时间，这样每一行的技术领域就可以看作一个发展演化路线图。纵轴包括 4 列，其中第 1 列表示的是国际技术研究网络，第 2 列表示的是国内技术研究网络（国内特有部分），而第 3 列表示的是"水专项"的技术研究网络（"水专项"特有部分），第 4 列是所有技术领域列。

在宏观方面，该项目基于专利文本的聚类分析，将相关的技术体系进一步划分为不同的技术领域，即 #0—#12（第 4 列），并研究不同数据源的专利分布、技术领域的发展路线。

在中观方面，在技术领域的基础上，进一步将其细化为子技术领域，也就是图 8-3 中的节点（技术特征）。之后，跟踪不同子技术领域中不同数据集的分布和贡献。

在微观方面,在抽取所有技术领域的专利文本的基础上,该项目采用自然语言处理技术、文本挖掘技术、知识可视化技术、文献计量学等,确定技术领域的发展演化路线图,并将数据集 1、数据集 2 和数据集 3 中重要的专利映射到发展演化路线图上,综合比较评估三者间的表现,衡量三者间的差距和位置。

## 8.3 数据来源及其检索策略

### 8.3.1 专利数据

专利数据来源于全球领先的信息服务商科睿唯安公司旗下的 Derwent Innovation(简称"德温特")。德温特,是科睿唯安公司在应用创新领域拥有的全球权威专利科技文献检索平台,其专利数据来源于德温特世界专利索引(Derwent World Patent Index,DWPI),覆盖全球 100 余个国家和地区,超过 11 000 万项专利。DWPI 是世界上首屈一指的专利信息资源,主要用于技术预警与分析,竞争性情报、现有技术和可专利性的检索,以及专利侵权和无效检索。

此外,科睿唯安公司旗下 800 多名各领域的专家会仔细阅读全球 47 个专利授权机构发行的各种不同语言的专利文件,对每一项专利重新进行标引,改正错误信息,进行专利家族归并,以英文改写专利标题和摘要,同时提炼出专利的新颖性、用途和优势等要点,方便检索和分析。

在此基础上,德温特创建了更加侧重于专利用途的德温特分类和德温特手工代码,后者类似于学术论文中的关键词,适合于细粒度的专利分析。

### 8.3.2 专利检索

检索策略的确定是一个反复尝试的过程。本章通过对"水专项"的专项概况、专项动态、专项进展、专项成果、产出专利进行详细分析,先对检索主题有了比较深的了解,然后进行试验并不断完善。

本次检索大致可以分为 5 个阶段：基本主题词和技术分类构建、数据抽取、数据验证、数据清洗及数据集建立。

（1）基本主题词和技术分类构建

基于"水专项"概况和"水专项"技术专利产出，抽出可表征"水专项"所在领域的主题词，并根据相关主题词表扩充完善主题词，完成对基本主题词的构建，并不断利用这些主题词在德温特专利数据库中试验、精炼。最后经过多名有经验的分析人员集体讨论，确定基本主题词和技术分类。

（2）数据抽取

分析人员将第一阶段获得的主题词和技术分类通过逻辑关系词连接，从而确定初检检索策略，在德温特的专利数据库中检索。考虑"水专项"的执行时间和产出专利的主要类型，检索的专利申请年限定在 1990—2020 年，专利类型限定为发明专利。

检索时间为 2020 年 11 月 1—15 日，保存格式为全记录（包括著录信息、参考文献信息、施引文献信息、同族专利信息等）。

（3）数据验证

判断第二阶段所获数据是否准确，必须对其进行验证。借鉴信息检索结果评价经验，从查全率、查准率两个指标出发，判断数据是否覆盖了"水专项"方向的大部分专利、是否与该方向高度相关。

（4）数据清洗

数据清洗主要包括两个部分：噪声数据删除和遗漏数据补充。

首先，通过分析主题词在专利中出现的位置、频次等，初步确定可能为噪声数据的数据集；其次，有经验的分析人员对其进行人工筛选，删除不相关的专利。

之后，对数据集进行词频分析，把得到的高频主题词与检索策略进行比较，如有遗漏把其加入新的检索策略中进行试验。同时，重点分析没有出现在数据集中的"水专项"产出专利，结合"水专项"研究方向从它们之中选取遗漏的重要主题词加入新检索策略中进行试验。

（5）数据集建立

重复前4个阶段的过程，并进行查全率、查准率等验证，最终得到满足预期的数据集（图8-4）。

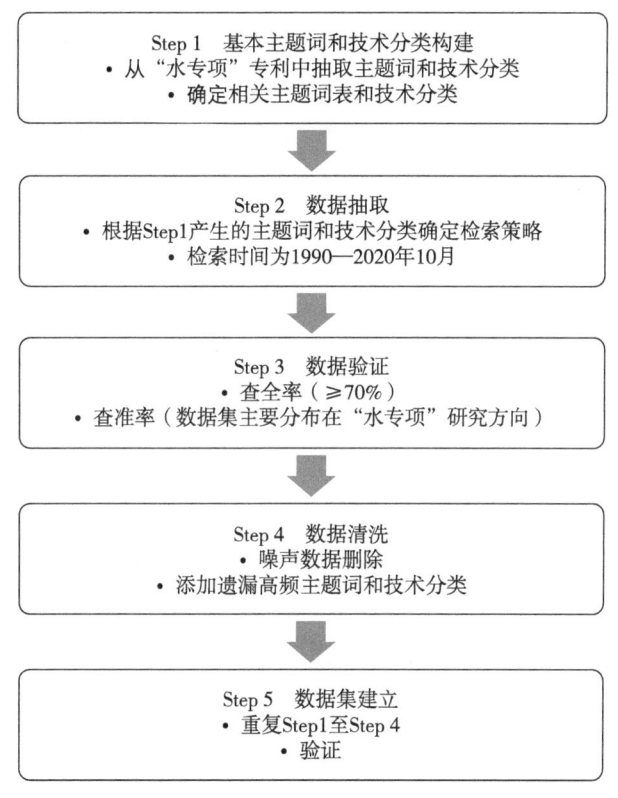

图8-4 "水专项"评估中专利的检索流程

在检索数据后，设计查全率、查准率两个指标，以此判断数据覆盖程度与准确程度。

查全率：主要从"水专项"产出专利（基础专利和同族专利）覆盖率和"水专项"产出专利的参考文献覆盖率两个角度考察。用公式表示为：

$$查全率 = \frac{检索结果中的"水专项"产出专利数}{"水专项"产出专利总数}, \quad (8-3)$$

$$查全率 = \frac{检索结果中的"水专项"产出专利的参考文献数}{"水专项"产出专利的参考文献总数}。 \quad (8-4)$$

最终，数据集要达到的指标是：①基于专利的查全率≥70%，即依照上述检索策略获得的数据集中含有"水专项"产出专利的覆盖率不低于70%。②基于参考文献的查全率≥30%，即依照上述检索策略获得的数据集中含有"水专项"产出专利的参考文献的覆盖率不低于30%。

查准率：分析依照上述检索策略获得的专利数据集的技术分类分布、高频特征词分布与"水专项"研究方向的吻合程度。

### 8.3.3 "水专项"产出专利检索

为了保证数据的全面性，作为研究对象的各一级分支，主要采用"总—分"的方式进行检索，即确定整个一级技术分支作为检索范围，并以其二级技术分支相关的检索要素作为补充。

在检索过程中，主要采用"水专项"的特征词表达、试验高频词，结合与各技术分支相关的IPC分类号和DWPI手工代码，其中包括用于去除噪声的分类号和关键词。总体来说，以关键词表达为主、分类号为辅进行检索策略的制定（图8-5）。

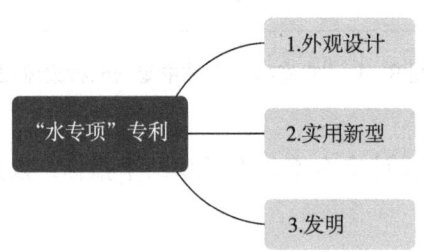

图8-5　"水专项"专利类型分布

在检索过程中，基于"水专项"的三类专利类型，进一步完善"水专项"的产出专利结果（图8-6）。

8 应用研究类项目对标计量分析总体方案 | 65

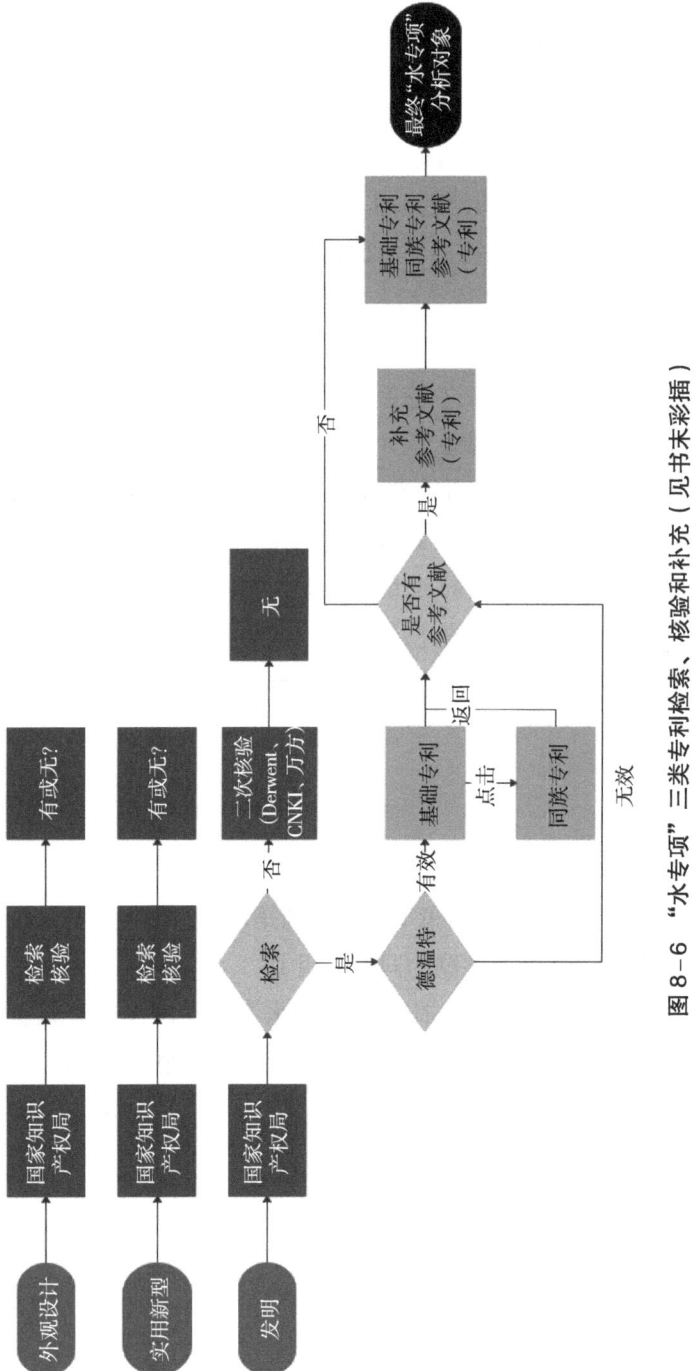

图 8-6 "水专项"三类专利检索、核验和补充（见书末彩插）

① 将"水专项"产出的外观设计专利进一步在国家知识产权局中检索和核验，确定这些外观设计专利存在与否。

② 将"水专项"产出的实用新型专利，进一步在国家知识产权局中检索和核验，确定这些实用新型专利存在与否。

③ 将"水专项"产出的发明专利，进一步在国家知识产权局中检索和核验。若发明专利未检索到，进一步在德温特、CNKI、万方等数据库中再次检索核实。此外，发明专利经过检索和核验后，需要按照下面的步骤进一步补充其同族专利。

第一，在国家知识产权局中检索这些专利，并汇总这些发明专利的专利公开号。第二，将专利公开号在德温特中进一步检索，确定这些专利的状态（有效或无效）。第三，以检索到的有效专利作为"水专项"的基础专利，之后在德温特中点击"同族专利"，补充基础专利的同族专利信息。第四，以第3步检索到的基础专利和同族专利为源，再次增加这些专利的参考文献（专利），以补充完善专利信息。第五，以第4步完善补充的基础专利、同族专利和参考文献（专利）作为集合，验证"水专项"的检索策略。

### 8.3.4 专利数据集

根据评价目的，专利数据集包括3个部分。

**数据集1："水专项"产出专利数据集（具体指的是水体污染控制与治理科技重大专项产出有效发明，以及其关联的同族发明）。**

根据检索策略，在德温特中进一步补充完善"水专项"产出专利数据集，如产出有效发明及与其关联的同族发明。之后，根据这些专利的公开号，增加专利的主要著录信息，如专利申请号、专利申请年、专利名称、专利摘要、发明人、专利权①、专利法律状态②、IPC 分类代码③、德温特分类代码④、手工代码⑤、施引专利计数、引用的参考文献（专利）⑥、引用的参考文献（非专利）⑦、同族专利成员⑧、同族专利成员计数、专利优先权号、所属国家或地区、申请国家、专利权人/申请人（首位）等。

**数据集 2：国内水污染治理产出专利数据集（具体指的是数据集 1 以外，中国产出的水污染治理方面的有效发明及其关联的同族发明）。**

根据上面的检索策略，在德温特中进一步根据专利权人/申请人（首位）的地址信息，将其中属于中国的专利（涵盖香港、澳门，不涵盖中国台湾数据）抽取出来。

---

① 专利权是由国务院专利行政部门依照法律规定，根据法定程序赋予专利权人的一种专有权利。它是无形财产权的一种，与有形财产相比，具有独占性、时间性和地域性特征。（https://www.cnipa.gov.cn/art/2020/6/8/art_1750_107432.html）
② 专利法律状态，是指在某一特定时间点，某项申请或授权专利在某一或某些特定国家或地区的权利类型、权利维持、权利范围、权利归属等状态，这些状态将直接影响专利权的存在与否及专利权权利范围的大小。（https://www.cnipa.gov.cn/transfer/pub/old/wxfw/zlwxxxggfw/gyjz/gyjzkj/201406/P020140624545787534322.pdf）
③ IPC 分类代码，即国际专利分类体系（International Patent Classification），是将与专利有关的全部技术领域按照部、大类、小类、大组和小组的形式设立类目，形成国际专利分类表，包括 7 万多个分类组。
④ 德温特分类代码，按学科将专利划分为 20 个大类。这些类别被分为三组：化学（A–M）、工程（P–Q）、电子与电气（S–X）。这 20 个部分被进一步细分成类别。每个类别包括大类的首字母随后跟随两位数字。
⑤ 手工代码是由科睿唯安的专业人员为专利标引的代码。利用手工代码进行专利的检索可显著改进检索的速度和准确性。（https://clarivate.com/derwent/dwpi-reference-center/mcl/）
⑥ 引用的参考文献（专利），在专利文献中列出的与该专利申请相关的其他专利。（https://www.cnipa.gov.cn/transfer/pub/old/wxfw/zlwxxxggfw/gyjz/gyjzkj/201406/P020140624545250032968.pdf）
⑦ 引用的参考文献（非专利），在专利文献中列出的与该专利申请相关的非专利文献，主要包括论文、著作、会议论文、标准、网页等。（https://www.cnipa.gov.cn/transfer/pub/old/wxfw/zlwxxxggfw/gyjz/gyjzkj/201406/P020140624545250032968.pdf）
⑧ 同族专利成员，由至少一个共同优先权联系的一组技术内容相同或相近的专利文献，英文名称为：patent family。（https://www.cnipa.gov.cn/transfer/pub/old/wxfw/zlwxxxggfw/gyjz/gyjzkj/201406/P020140624545787534322.pdf）

**数据集 3**：国际水污染治理产出专利数据集（具体指的是国际产出的水污染治理方面的有效发明及其关联的同族发明）。

根据检索策略，在德温特中进一步根据专利权人/申请人（首位）的地址信息，将其中不属于中国（主要是美国、日本、德国、韩国、法国等）的专利抽取出来。

最终数据集 1、数据集 2 和数据集 3 的并集，就成为本部分最终要分析和评估的整个数据集：全球水污染治理方面产出专利，体现全球水污染治理方面的技术研究状况。全球的技术研究状况，又可以划分为 3 个可以互相比较、对标的维度（也就是对标计量分析中的"对象"）。

第一个维度："水专项"技术研究状况；

第二个维度：国内水污染治理方面技术研究状况；

第三个维度：国际水污染治理方面技术研究状况。

### 8.3.5 专利数据清洗

（1）噪声数据删除

① 把初步检索得到的数据集 1、数据集 2 和数据集 3 导入数据库，利用数据库对数据进行初步统计。

② 从专利数据集中的专利权人中进一步抽取专利权人/申请人（首位），并根据其地址信息，进一步清洗对应的专利权人，更正其中标注错误的专利。尤其是其中一些空缺地址的专利，通过人工分析、检索，确定最终的专利归属：水专项、国内或国际。

（2）遗漏数据补充

① 根据数据集 1、数据集 2 和数据集 3，再次在德温特中检索专利的施引专利、专利参考文献（专利）、专利同族专利等。

② 根据①再次增补的施引专利、专利参考文献（专利）、专利同族专利等，进一步划分专利归属：水专项、国内或国际。

③ 再次核验增补专利的专利权人/申请人（首位）的地址。

根据修正过的检索策略，在德温特中重新进行检索，补充完善所有专利的著录信息（图 8-7）。

图 8-7　专利数据的检索清洗流程

## 8.4　建立标杆

根据指标的具体要求对数据集进行相应处理，并根据选择的"标杆"对数据进行标引。具体为以下内容。

① 专利标引：水专项、国内和国际的标引。

② 专利数据中特征项清洗：主要对专利中的同义词技术主题、发明人名称、专利权人名称、地址、所属国家等进行标准化，不同语言统一标准化为英语。

③ 矩阵构建：针对后续分析的需要构建技术特征之间的共现矩阵、技术分类之间的共现矩阵、发明人之间的共现矩阵、专利权人之间的共现矩阵等。

④ 技术领域的识别与抽取：首先从数据库中抽取出专利的手工代码、专利名称、专利摘要等信息，之后对手工代码进行共现分析，并根据 tf×idf 算法计算德温特分类的权重，最后选择权重较大的德温特分类命名专利的技术领域。

## 8.5 计量评价

为全面反映项目在国内外的产出、效果与影响，设计一组专利指标，以反映项目专利产出的全貌。具体3个方面及其涵盖的指标如下。

① 产出方面：项目专利产出数（实用新型、外观设计和发明）、项目有效发明专利数、项目主要专利权人分布、项目主要发明人分布、项目专利产出模式、项目有效发明权利归属等。

② 效果方面：被引次数、科学关联度、同族专利数量、Top 10% 高被引专利、技术影响力指数等指标。

③ 影响方面：鉴于与水相关的专利数量较多，研究领域涉及面较为宽泛，从整个水方面定位"水专项"的影响不太适合，故而这里的对标计量分析进一步对专利进行聚类，在此基础上鉴定"水专项"在不同技术领域上的影响和位置。

在产出方面，本章侧重于从绝对数量的角度进行描述性分析，采用相对数量的方式对3个数据集进行对比；在效果方面，本章则偏向于从相对数量的角度，对3个数据集进行对标性比较；在影响方面，本章综合绝对数量和相对数量，融合整体和局部，进行全面性对标分析。

### 8.5.1 产出维度

（1）项目专利产出数

项目产出专利的数量，包括实用新型、外观设计和发明3种类型。该指标可以直接反映项目成果产出的多少。

我国主要保护3种专利，分别是发明专利、实用新型专利和外观设计专利。

《中华人民共和国专利法》（2008年修正）第二条第一款规定："发明，是指对产品、方法或者其改进所提出的新的技术方案。"从词义上来看，发明是指科技工作者依据自然规律原则，运用自己的资金和智力创造出来的新技术方案。就我国专利法的定义而言，发明涵盖以下3个方面的内容：发明是与"自然规律"有关的创新；发现物品或方法的新用途；发明是具体的技术方案。

《中华人民共和国专利法》（2008年修正）第二条第一款规定："实用新型，是指对产品的形状、构造或者其结合所提出的适于实用的新的技术方案。"

《中华人民共和国专利法》（2008年修正）第二条第一款规定："外观设计，是指对产品的形状、图案或者其结合及色彩与形状、图案的结合所做出的富有美感并适于工业应用的新设计。"从上面的规定而言，外观设计是指形状、图案、色彩或者其结合的设计；外观设计必须是对产品的外表所作的设计。

综上所述，在我国的专利中，发明专利是最具权威性、新颖性、创新性的技术。

（2）项目有效发明专利数

项目产出有效发明的数量，只针对有效发明进行统计。该指标可以从一定的角度反应项目的真正产出数量。专利在其整个生命周期里，状态属性并非一直不变，而是随时间不断发生变化，并且整个变化过程均被记录在法律状态中，受到知识产权相关法律的严格保护。

专利的法律状态指在某一特定时间点，某项专利在某一国家的权利类型、权利维持、权利范围等状态。通过对法律状态及其相关信息的研究，可以深入了解专利的质量。毕竟从专利申请到专利公开，再到专利授权及专利维持等，专利权人需要不断缴纳费用才能维持专利的有效性。故而，从经济的角度出发，专利权人只有从维持专利的法律状态当中获得的收益大于维持缴纳的费用，才会继续维持专利的有效法律状态，从而法律状态可以反映专利的质量。

（3）项目专利产出模式

所有的专利产出都是由专利权人创造的，当其中专利权人为多个的时候就涉及合作，尤其是多个专利权人属于不同类型时，这类专利一般具有更高的价值。一般专利权人的类型可以划分为个人、高校、研究机构、企业、政府等，其中产学、产研类专利相对而言具有更高的价值。

在产学研合作中，知识主体在知识区位中高低位势的不同，使知识在企业与大学科研机构之间的流动得以发生。其中，企业、大学或研究机构在知识分布上呈现非平衡性特征，高校拥有高科技人才、信息、科研配套设备等知识资源及知识获取能力、创新能力和强大的技术研发能力，是知识最为密集的场所。而企业相对优势在于拥有更为充分的技术成果市场化的相关隐性知识，知识创新与技术研发能力较为薄弱。正是知识主体之间存在互补性的技术知识资源，形成了从高位势知识主体向低位势知识主体的一种势差，推动低位势知识主体向高位势知识主体靠近，并促使知识转移与流动。

此外，在选择学研伙伴时，企业参与技术合作与学习的倾向会受到技术知识的广泛性和深度性的影响。企业与位势相对高的高校、科研机构实现技术联盟，合作重心在于企业技术能力深层演进，动机在于寻求更高程度的专业化。在这种非对称的单向技术学习中，高校及科研机构发挥知识服务者的角色，知识从高位势的学研机构向企业转移。而这种正向势差在协同创新目标及市场需求驱动下，表现为高位势联盟主体的"拉动"和低位势联盟主体的"跟进"，使知识在技术联盟组织间循序渐进地流动，从而实现企业技术创新和成长[54]。

（4）项目有效发明权利归属

为了切实保护专利权，规范专利实施许可行为，促进专利权的运用，国家知识产权局根据《中华人民共和国专利法》、《中华人民共和国合同法》和相关法律法规，制定了《专利实施许可合同备案办法》①，登记备案专利实施许可信息或发明专利转让合同，备案专利权人变更信息。相对于一般的专利而言，实施许可备案信息的专利有更高的经济价值，具体包括如下几类：①专利运行，通过"专利申请权/申请权的转移"确定；②质押融资，通过"专利权质押合同"②确定；③专利许可，通过"专利许可合同备案"确定。

### 8.5.2 效果维度

（1）被引次数

被引次数，指的是该专利被后期专利引用的次数，可以衡量该专利对后

---

① https://www.cnipa.gov.cn/art/2013/10/23/art_74_27594.html.

② https://www.cnipa.gov.cn/art/2017/12/27/art_1221_43364.html.

来技术发展的影响程度。

（2）科学关联度

科学关联度，是指专利引用科学文献的数量，由 CHI 公司开发用作考察企业的技术创新对基础科学研究的依赖程度。科学关联度指标是对引用非专利文献数量指标的进一步细化，因为非专利文献种类很多，包括期刊论文、会议论文、书籍、研究报告、报纸、杂志等，并非所有的都是科学文献。科学关联度与专利质量的关系已经被很多学者验证，即专利引用的科学文献越多，说明其越接近科学前沿，该专利质量越高；一个企业较多引用科学文献，说明其使用科学知识能力较强，其专利质量也高。

（3）同族专利数量

为了使专利权在不同国家或地区获得保护，同一专利就必须在不同的国家或地区重复申请，于是形成了一组组由不同文种出版的，内容相同或相近的专利文献。这些文献彼此称为同族专利。同族专利相互间通过"优先权"进行联系，其数量的多少反映了专利价值的重要性。

本章采用的同族专利，源于德温特的专利家族概念。其构建过程如下：德温特编辑系统将第一个录入德温特数据库中的同族专利成员标记为"基本专利"，该专利文件用于生成就该项发明的完整的德温特记录，包括著录项目、标题、摘要、分类号和索引信息；随后，若德温特编辑系统就该项发明接收到等同专利文件，则会将其著录项目信息加入已有的德温特记录中，用来生成完整的专利家族信息，同时将这篇等同的专利文件标记为"等同专利"，即德温特专利家族的成员由基本专利和等同专利组成。

此外，德温特专利家族中的等同专利还包括 4 种，分别为以下内容。

① 第一种等同专利是基于巴黎公约（Paris Convention）优先权产生，这种优先权关系基于地域的因素，在不同国家/地区就相同的发明 A 申请的多项专利构成一个德温特专利家族。对于这类型的同族专利，德温特的编辑流程是：如果德温特编辑系统新接收的一项专利文献的优先权信息与数据库中已有的某个德温特记录相匹配，那么这项专利文献会被标识为"等同专利"，成为该德温特记录中一名新的家族成员；如果德温特编辑系统新接收的一项专利文献的优先权信息在数据库中从未录入过，那么这项专利文献会被标识为

"基本专利"，并为其分配一个唯一的德温特主入藏号。此外，德温特编辑系统还会为不同但相关联的德温特专利家族建立一个交叉索引（DWPI 相关入藏号）。

② 第二种等同专利是基于本国优先权产生，这种优先权关系基于时间的因素产生，如图 8-8 所示的专利家族谱系树（genealogical tree），最典型的例子是分案申请（divisional application）、美国延续案申请（continuation application）和美国部分延续案申请（continuation-in-part application）。在 INPADOC 专利家族中，基于同一原始申请的分案、美国延续案或美国部分延续案均属于同一专利家族。而在德温特专利家族中，基于同一原始申请的分案、美国延续案可能属于相同的德温特专利家族，但基于同一原始申请的美国部分延续案通常会分属于不同的德温特专利家族，以反映其新增的技术内容。

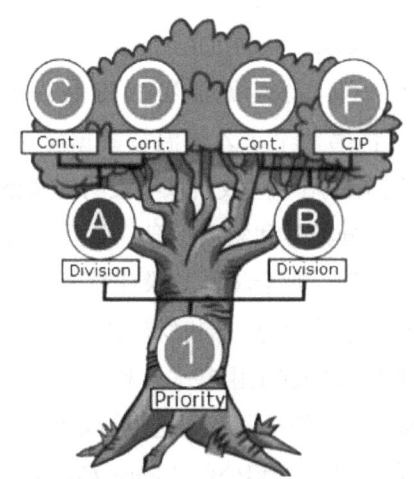

图 8-8　基于本国优先权的专利家族谱系树

③ 第三种等同专利是指那些相互之间没有要求优先权，但实质上具有相同技术内容的专利文献，属于非公约等同专利（non-convention equivalents）。这部分专利的识别和标引也非常重要，因为实践中导致非公约等同专利缺乏优先权信息的原因可能有多种，例如，申请人就一项发明提交的在后申请超

过了在先申请的优先权期限、申请人于同日提交了两件具有基本相同的技术内容的专利申请（如中国实用新型专利和发明专利双申）等。对于这部分专利，德温特编辑系统会按照专利权人/申请人、发明人、发明主题等信息，人工在德温特数据库中检索，来查找和鉴别可能与之等同的专利，类似于表8-1中的"人工专利家族"。

④ 第四种等同专利与基本专利的关系属于由同一专利机构公开的同一项专利申请的不同版本，如发明申请和发明授权，类似于表8-1中的"内部专利家族"。

根据上述4种等同专利的判定原则，德温特专利家族介于简单专利家族与扩展专利家族之间，并且德温特专利家族还考虑了本国专利家族、人工专利家族、内部专利家族。其人工专利家族囊括了大量因缺乏优先权信息而无法归入专利家族的专利（表8-1）。

表8-1 WIPO《工业产权信息与文献手册》中对6种专利家族的定义

| 序号 | 专利家族类型 | 定义 |
| --- | --- | --- |
| 1 | 简单专利家族 | 所有同族成员以共同的一项或几项专利申请为优先权 |
| 2 | 复杂专利家族 | 所有同族成员至少以一项共同的专利申请为优先权 |
| 3 | 扩展专利家族 | 每个同族成员与该专利家族中至少一个其他同族成员以共同的一项或几项专利申请为优先权 |
| 4 | 本国专利家族 | 所有同族成员均由同一专利机构公开，每个成员与该家族其他成员至少共同以一项专利申请为优先权，至少有两个已公开专利文献之间的关系是同一项专利申请的分案、延续案、部分延续或增补专利 |
| 5 | 内部专利家族 | 由同一专利机构公开的同一项专利申请的不同版本（如发明申请和发明授权） |
| 6 | 人工专利家族 | 同族成员的内容基本相同但没有要求优先权，需要借助人工解读才能进行专利家族的划分 |

除了上述提及的德温特专利家族对于等同专利的判定原则与其他专利家族不同之外,德温特编辑流程中的预处理程序使得德温特专利家族的信息更为全面准确。因为在预处理程序中,专利著录项目(如专利权人/申请人、优先权号和优先权日期、发明人等信息)的有效性会得到人工验证,准确性会得到人工校准,从而避免因著录项目信息的错误而导致专利家族的错分或漏分。

(4) Top 10% 高被引专利

专利被引次数是一个与专利申请年、技术领域密切相关的定量评价指标。鉴于此,本部分将对专利申请年进行标准化,进一步对项目产出专利进行评估。Top 10% 高被引专利,指的是在同一申请年同一技术领域,按照专利被引次数进行倒序排列。$N$ 的值越小,意味着专利的技术影响力越大、越重要。

(5) 技术影响力指数(technology influence index,TII)

$$TII = \frac{某年专利位居被引用次数前1\%的最具影响力专利项数}{当年专利量} \Big/ \frac{领域所有专利位居最具影响力的专利项数}{领域所有专利量}。 \quad (8-5)$$

在运用 $TII$ 指标测度某个专利集合的技术影响力时,CHI Research 公司规定被引用次数最高、排名在前 10% 的专利为最具影响力的专利,并对 $TII$ 做如下定义:某个专利集合中各个年度最具影响力的专利量占该专利集合的比重,除以 10%,即为该集合的技术影响力指数 $TII$[55]。$TII$ 值越高,说明专利重要性程度越高,该专利集合的技术影响力越大。在 CHI Research 的基础上,该项目报告进一步将 Top 1% 的专利确定为最具影响力的专利,并以此为分子,计算某个专利集合的技术影响力。

此外,考虑到"水专项"的技术发展,进一步综合该项目的执行期,故将专利按照申请年划分为 3 个阶段,分别是"十一五"时期(2006—2010 年)、"十二五"时期(2011—2015 年)和"十三五"时期(2016—2020 年)。这样,无论对于"水专项"、国内技术发展状况,还是国际技术发展状况,都可以从时间维度跟踪技术领域的发展状况,还可以进行对比分析。

### 8.5.3 影响维度

在数据集1、数据集2和数据集3的基础上,根据专利与专利之间的技术相似性进一步进行聚类,分成不同的领域。一方面明晰与水体污染控制与治理相关的技术领域;另一方面便于从细分领域定位"水专项"专利的影响和贡献,确定其价值。

这样的技术领域,可以将其看成一条链,体现技术的发展路线,具体则采用一个二维坐标轴表示,其中横轴表示时间,具体是技术专利的申请年;而纵轴表示技术的价值,具体指技术专利的影响力。此外,每个节点的大小表示技术的领域影响力大小(图8-9)。

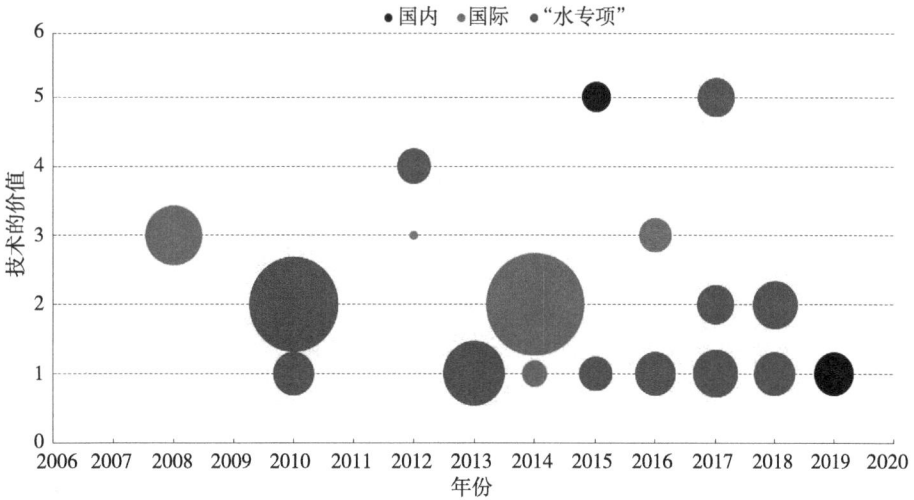

**图 8-9 技术领域的影响力评估模型(见书末彩插)**

其中,专利的技术影响力主要以专利的被引频次为主,进一步综合专利的科学关联度、专利的状态、专利的同族专利数量、专利的权利归属等计算而得。专利的领域影响力主要采用科睿唯安在 Derwent Innovation 中自建的领域影响力指标。具体该指标使用了超过150个参数,包括专利的诉讼、法律状态、上下游活动、引用、家族成员状态、专利申请人的参与情况、专利文本内容等,通过机器学习模型,将已知或同行专家已经标注过的专利数据作为训练模型，进而获得衡量专利领域影响力的分析模型，之后对所有专利数据进行模型计算。

在对专利（体现技术）的重要性和影响力进行分析的基础上，综合专利的申请时间，就可以将具体的专利映射到技术链上，进一步对其进行排序和对标分析，就可以确定专利的重要性。

# 9 应用研究项目后评估分析实证

## 9.1 项目绩效评估：产出视角

### 9.1.1 项目专利产出分布

2001—2020年，"水专项"合计产出6575项专利，其中发明专利（包括发明申请和发明授权）4991项，占总产出的75.9%。发明授权数量为2519项，略高于发明申请数量2472项（表9-1）。

表9-1 "水专项"专利产出分布　　　　　　　单位：项

| 序号 | 专利产出 | 数量 |
| --- | --- | --- |
| 1 | 发明申请 | 2472 |
| 2 | 发明授权 | 2519 |
| 3 | 实用新型 | 1573 |
| 4 | 外观设计 | 11 |
| 合计 | | 6575 |

按照国家知识产权局发布的《中华人民共和国专利法》规定，发明专利申请的审批程序包括受理、初审、公开、实审及授权5个阶段。实用新型专利或者外观设计专利申请在审批中不进行早期公布和实质审查，只有受理、初审和授权3个阶段。

目前，发明专利从申请到公开再到授权的时间，主要受专利审查程序、专利审查效率、专利申请文件的撰写水平等因素的影响。根据研究统计[56]，我国发明专利从申请到授权一般所需时间平均为3.39年，而国外发明专利从申请到授权所需时间平均为4.33年。发明专利从申请到公开，一般需要18个月左右。

发明专利、实用新型专利和外观设计专利的申请、审查流程如图 9-1 所示。

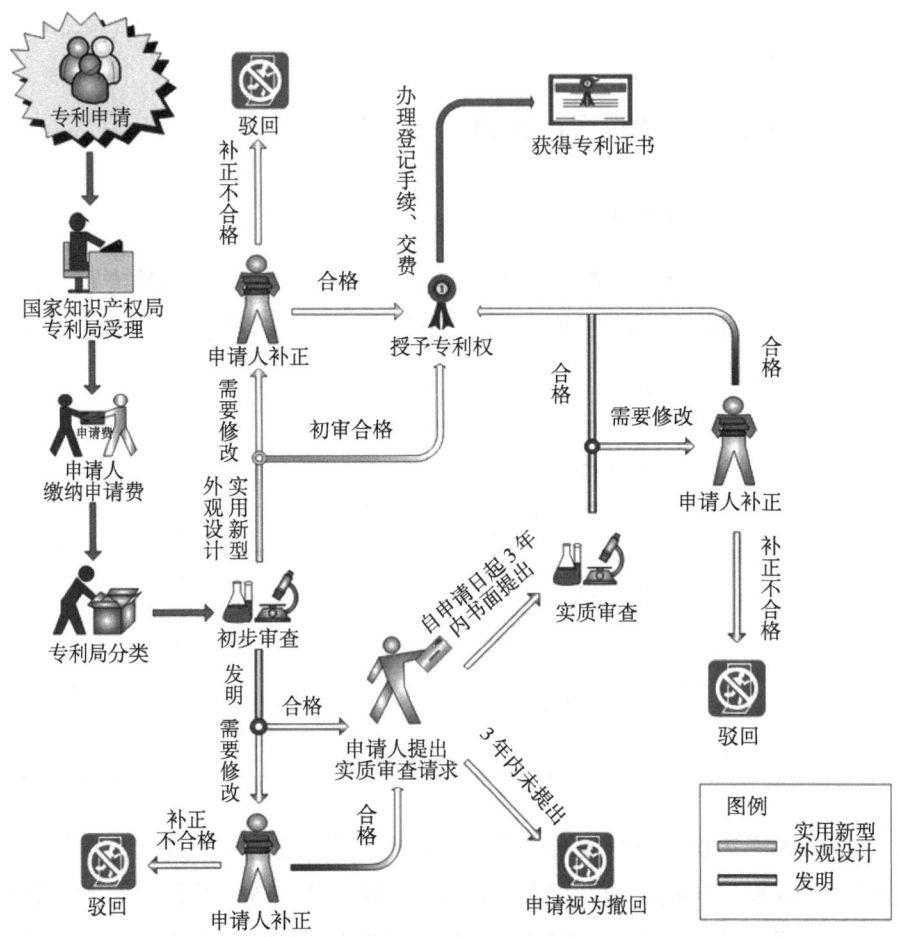

图 9-1　我国三类专利申请、审查流程[①]（见书末彩插）

---

① 来源：国家知识产权局网站，https：//www.cnipa.gov.cn/art/2020/6/5/art_1517_92471.html。

## 9.1.2 项目有效发明分布

这里的有效发明,是针对发明申请和发明授权这两种专利产出而言的,其中相对于前者而言,有效发明意味着在申请中的发明,处于申请的有效状态,可能处于申请后刚公开阶段、可能处于申请后公开待"申请人提出实质审查请求"阶段、可能处于实质审查结束"需要修改"阶段,也可能处于"申请人改正"后待专利局核验阶段等。就后者而言,有效发明则意味着授权发明处于专利保护期阶段。在我国,发明的有效保护期是从专利申请时间起计时的 20 年,这样有效授权发明的专利保护期可能比较长,甚至是十几年,也可能比较短,仅剩余 1 年或更短等。其中,相对而言,授权发明的剩余保护期越长,则意味着它的价值越高;反之,则价值越低。另外,有多项研究发现:我国授权发明的有效期远低于国外授权发明。其中一项研究发现[57],在国内发明专利中,有效期维持达到 5 年的发明专利只有 66.8%,而国外有效期维持达到 5 年的发明专利占 92.8%;国内有效期维持达到 8 年的发明专利只有 19.0%,而国外有效期维持达到 8 年的发明专利占 51.6%。

在"水专项"方面,3011 项发明处于有效状态,占总发明量的比例为 60.3%,略低于国内的有效率(65.9%),不过远高于国际的专利有效率(28.7%)。其中,国际专利无效的原因,主要是专利的保护时间范围超过了专利保护期(表 9-2)。

表 9-2 有效发明比较  单位:项

| 分析对象 | 有效率 | 有效发明数 |
| --- | --- | --- |
| "水专项"(Data1) | 60.3% | 3011 |
| 国内(Data2) | 65.9% | 55 784 |
| 国际(Data3) | 28.7% | 20 697 |

此外,"水专项"中无效的发明专利主要有:①申请后公开的发明,因为主题不符合专利授予条件而无效,包括发明的方法和内容不具备新颖性、创造性或实用性;②公开授权后无效的发明,因为没有支付年费而导致专利权的终止。

### 9.1.3 首位专利权人分布

南京大学团队在"水专项"方面产出的有效发明专利是最多的,为191项;之后则是中国环境科学研究院,其有效发明专利数为157项;位列第三的是中国科学院南京地理与湖泊研究所,有108项(表9-3)。

表9-3 "水专项"主要专利权人分布　　　　　　　　　　　　单位:项

| 序号 | 专利权人名称 | 数量 |
| --- | --- | --- |
| 1 | 南京大学 | 191 |
| 2 | 中国环境科学研究院 | 157 |
| 3 | 中国科学院南京地理与湖泊研究所 | 108 |
| 4 | 中国科学院生态环境研究中心 | 97 |
| 5 | 哈尔滨工业大学 | 86 |
| 6 | 清华大学 | 78 |
| 7 | 浙江大学 | 73 |
| 8 | 同济大学 | 71 |
| 9 | 天津大学 | 70 |
| 10 | 北京师范大学 | 60 |

### 9.1.4 发明人分布

位列第一的是来自南京大学的李爱民教授,其在"水专项"的研究中,有效发明数量共计95项,远超第2位中国环境科学研究院的席北斗研究员、第3位南京大学的双陈冬教授。

如表9-4所示,在"水专项"的研究中,个人有效发明数量位列前十的发明人有4位来自南京大学,分别是李爱民教授、双陈冬教授、戴建军教授和刘福强教授。

表9-4 "水专项"主要发明人分布　　　　单位:项

| 序号 | 发明人 | 所属机构 | 有效发明数量 |
| --- | --- | --- | --- |
| 1 | 李爱民 | 南京大学 | 95 |
| 2 | 席北斗 | 中国环境科学研究院 | 37 |
| 3 | 双陈冬 | 南京大学 | 33 |
| 4 | 何 强 | 重庆大学 | 31 |
| 5 | 陈开宁 | 中国科学院南京地理与湖泊研究所 | 31 |
| 6 | 于鲁冀 | 郑州大学 | 30 |
| 7 | 彭永臻 | 北京工业大学 | 29 |
| 8 | 戴建军 | 南京大学 | 25 |
| 9 | 魏东洋 | 生态环境保护部华南环境科学研究所 | 22 |
| 10 | 刘福强 | 南京大学 | 21 |

### 9.1.5 项目专利产出模式分布：产学（产研）合作

如表9-5所示，就产学（产研）合作而言，"水专项"的比率最高，为5.55%，甚至超过国内的比率（4.78%）。

表9-5 产学（产研）合作比率分析　　　　　　　　单位：项

| 分析对象 | 产学（产研）数量 | 产学（产研）比率 |
| --- | --- | --- |
| "水专项"（Data1） | 167 | 5.55% |
| 国内（Data2） | 2667 | 4.78% |
| 国际（Data3） | 353 | 1.70% |

这里的产学（产研）专利，主要包括企业和高校，以及企业和研究院两种类型，聚焦于技术发明的应用、市场化和产业化。在"水专项"方面，主要是来自南京大学、中国石油化工股份有限公司和郑州大学的发明，在产学（产研）方面的专利较多，其中南京大学最多，有22项。

如图9-2所示，南京大学已经初步形成了一个较为固定的产学合作网络。一般的专利申请都是以南京大学为首，联合一些企业合作进行，如南京同开环保科技有限公司、江苏南大戈德环保科技有限公司、浙江泰林生物技术股份有限公司等。此外，南京大学有部分专利申请是集产学研于一体的技术成果（图9-2右上角）。这项技术成果是关于一种氯球生产废水的处理及资源化回用方法，由南京大学、南京环保产业创新中心有限公司、江苏金凯树脂化工有限公司和南京大学盐城环保技术与工程研究院等合作申请。

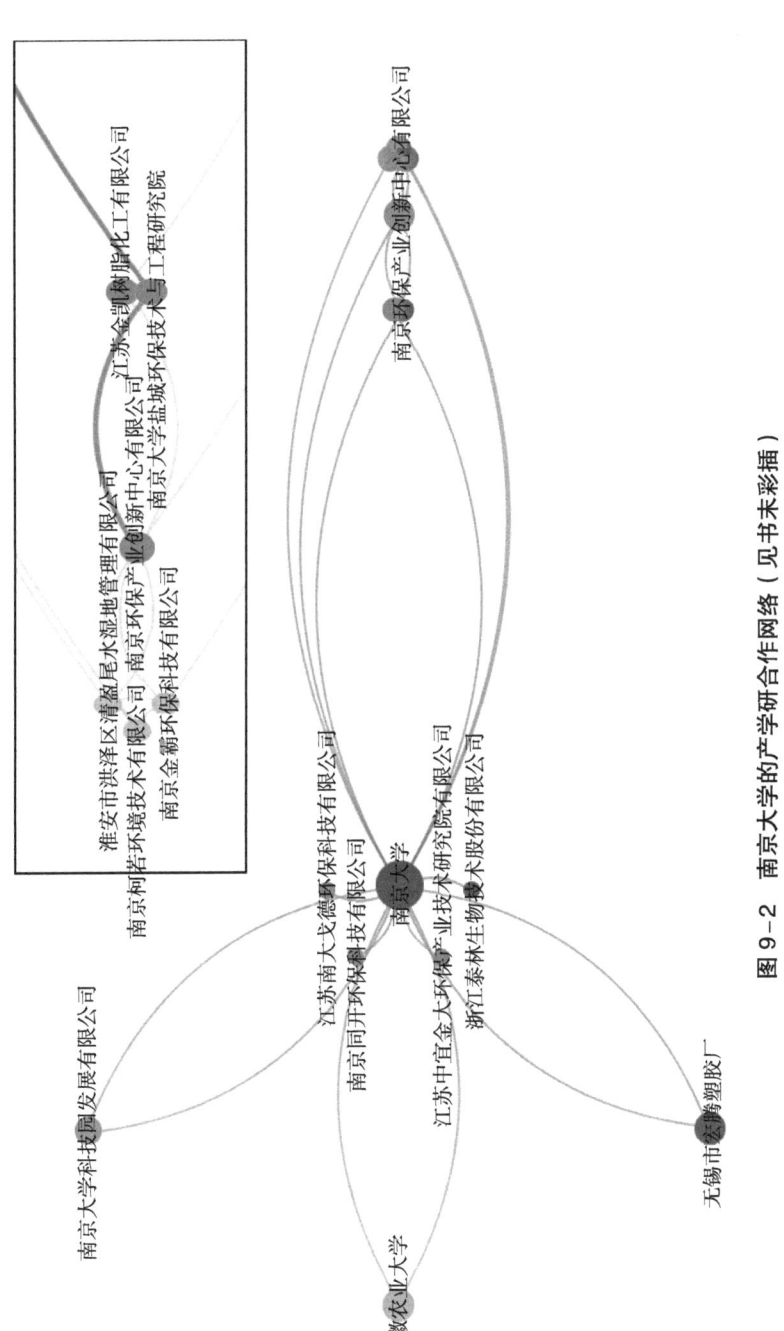

图 9-2 南京大学的产学研合作网络（见书末彩插）

### 9.1.6 项目有效发明权利归属分布：专利实施许可分析

在"水专项"中，191项发明专利有实施许可，主要源于高校和研究所的专利（简称许可方），将专利权转移到公司（简称实施方）后被实施。其中，高校有120项专利有实施许可，约占整个许可方的62.83%（表9-6）；在实施方，公司有181项专利，约占整个实施方的94.76%。

表9-6 "水专项"实施许可专利分布　　　　单位：项

| 许可方分类 | 实施许可数量 | 有效发明量 | 占比 |
| --- | --- | --- | --- |
| 高校 | 120 | 1615 | 7.43% |
| 研究所 | 35 | 880 | 3.98% |
| 企业 | 29 | 446 | 6.50% |
| 其他 | 7 | 70 | 10.00% |
| 合计 | 191 | 3011 | 6.34% |

这里根据专利申请时位列第一的专利权人类型，确定许可方类型。若第1位专利权人是大学或学院，则鉴定为"高校"；若第1位专利权人是研究所或研究院，则鉴定为"研究所"；若第1位专利权人是公司或厂等，则标记为"企业"；若第1位专利权人是个人、事业单位或创新平台等，则确定为"其他"。

在许可方方面，主要是哈尔滨工业大学、南京大学、上海交通大学、西安建筑科技大学、中国科学院亚热带农业生态研究所等申请的发明专利进行了许可转让，其中哈尔滨工业大学最多，有11项。

在实施方方面，哈尔滨工业大学高新技术开发总公司位列第一，有7项；湖南隆平高科耕地修复技术有限公司位列第二，有6项；山东兴硕环保科技有限公司位列第三，有5项。

## 9.2 项目绩效评估：效果视角

本章将采用对标分析的方法，以"水专项"产出有效发明数据集（3011项）表征"水专项"技术水平，以"中国产出有效发明数据集（55 784项）"表征国内技术水平，同时以"国际产出有效发明数据集（20 697项）"表征国际技术水平，进行综合评估。

### 9.2.1 整体效果评价

在被引次数、科学关联度、同族专利数量等3个维度，本章进一步根据项均被引次数、项均科学关联度、项均同族专利数量等进行比较（表9-7）。

表9-7 "水专项"整体效果比较分析　　　　　单位：项

|  | 项均被引次数 | 项均科学关联度 | 项均同族专利数量 |
| --- | --- | --- | --- |
| 水专项 | 0.437 | 1.370 | 1.83 |
| 国内 | 0.197 | 0.521 | 1.48 |
| 国际 | 1.197 | 1.109 | 5.16 |

通过表9-7我们发现：

① 在项均科学关联度方面，"水专项"的值最高，是1.370，略高于国际的项均科学关联度1.109，更远超国内的项均科学关联度。这在国内的专利技术领域方面很少见。

② 在项均被引次数方面，国际的值最高，为1.197；之后是"水专项"，其值为0.437，也远高于国内水平。"水专项"的值约是国内值的2倍多。

③ 在项均同族专利数量方面，国际的值最高，为5.16；"水专项"次之，为1.83，也远高于国内水平。

综合而言，在表征发明专利的3个维度方面，"水专项"的表现都远好于国内的技术水平，甚至在项均科学关联度方面，要优于国际的技术水平。

### 9.2.2 "水专项"随时间演化情况分析

如表 9-8 所示,在项均科学关联度和项均同族专利数量方面,"水专项"在"十一五"时期的值最高,之后逐渐减小,在"十三五"时期的值是最小的。

表 9-8 "水专项"主要指标变化情况分析　　　　　　　单位：项

|  | 年份 | 项均被引次数 | 项均科学关联度 | 项均同族专利数量 |
| --- | --- | --- | --- | --- |
| "十一五" | 2006—2010 | 0.32 | 1.87 | 2.11 |
| "十二五" | 2011—2015 | 0.52 | 1.76 | 2.05 |
| "十三五" | 2016—2020 | 0.38 | 0.91 | 1.58 |

在项均被引次数方面,从"十一五"时期到"十二五"时期"水专项"数据有显著增长,之后在"十三五"时期则又降低了,不过依然超过了"十一五"时期的值（0.32）。

鉴于"十三五"时期是从 2016 年到 2020 年申请的专利,考虑到专利从申请到公开有约 18 个月的滞后期,再到授权也有约 18 个月的滞后期,所以这里"十三五"时期的项均被引次数不足以完全体现这些专利的技术影响力。

综合专利申请时间对这些指标的影响,预计"十三五"时期的专利在项均被引次数方面依然不会低于"十二五"时期的值（0.52），故而"水专项"在项均被引次数方面的影响力是逐年增长的。

### 9.2.3 Top 10%高被引专利分析

（1）从"十一五"到"十三五"专利数量和比重分布

从"十一五"到"十二五"时期,再到"十三五"时期,国际专利所占份额在显著下降,从 68.03% 下滑到 37.95%,之后进一步下滑到 11.32%。此外,国际方面的专利数量差距较小,基本上保持在每年千项左右,这间接说明在水体污染控制与治理领域,国际上的研究基本已经稳定。

在此期间，国内专利所占份额则显著增长，从"十一五"时期的28.51%增长到"十二五"时期的55.16%，之后到了"十三五"时期，已经达到了85.84%，而其专利数量则由"十一五"时期不足2000项，增长到"十二五"时期的1万余项，是"十一五"时期的5倍多，到"十三五"时期约4.27万项，进一步在"十二五"时期的基础上增长了近3倍。所以在"十三五"时期，国内就贡献了85%以上的专利，若再加上"水专项"相关专利，则接近90%。

至于"水专项"，其在"十一五"时期到"十二五"时期有一个显著增长，其中数量增长了4.75倍，所占份额几乎翻了一番。之后在"十三五"时期尽管专利数量依然在增长，但是占比却因国内专利增长更多而导致有所下降（表9-9）。

表9-9　从"十一五"到"十三五"专利数量和比重分布　　单位：项

| | 年份 | 国际 | "水专项" | 国内 | 合计 |
| --- | --- | --- | --- | --- | --- |
| "十一五" | 2006—2010 | 4656（68.03%） | 237（3.46%） | 1951（28.51%） | 6844 |
| "十二五" | 2011—2015 | 7493（37.95%） | 1362（6.90%） | 10 891（55.16%） | 19 746 |
| "十三五" | 2016—2020 | 5637（11.32%） | 1412（2.84%） | 42 741（85.84%） | 49 790 |

（2）从"十一五"到"十三五"Top 10%高被引专利分布

从表9-10可知，国际的高被引专利所占份额在显著下降，由"十一五"时期的96.33%，逐步下降到"十二五"时期的64.60%，之后进一步在"十三五"时期下降到16.01%。

"水专项"的高被引专利所占份额则在逐步增长，由"十一五"时期的0.88%，上升到"十二五"时期的7.10%，之后在"十三五"时期进一步增长到7.19%。在数量方面，"十一五"时期"水专项"的高被引专利只有6项，之后在"十二五"时期则增长到了140项，在"十三五"时期进一步增长到358项。

国内的高被引专利也有一个显著的增长。在所占份额方面，国内在"十一五"时期仅占2.79%，之后在"十二五"时期则增长到了28.30%，最后在"十三五"时期进一步增长到76.79%。在数量方面，在"十一五"时期仅有19项，到了"十二五"时期则增长到了558项，增长了28倍多，之后在"十三五"时期国内专利数量进一步增长到了3822项，相较于"十二五"时期，约增长了5.85倍。

从表9-10可以发现，高被引专利从"十一五"时期，到"十二五"时期，再到"十三五"时期，经历了一个显著的增长，数量由"十一五"时期的680多项，增长到"十三五"时期的4900多项，增长了6倍多。

表 9-10　Top 10% 高被引专利分布　　　　　　单位：项

|  | 年份 | 国际 | "水专项" | 国内 | 合计 |
|---|---|---|---|---|---|
| "十一五" | 2006—2010 | 657（96.33%） | 6（0.88%） | 19（2.79%） | 682 |
| "十二五" | 2011—2015 | 1274（64.60%） | 140（7.10%） | 558（28.30%） | 1972 |
| "十三五" | 2016—2020 | 797（16.01%） | 358（7.19%） | 3822（76.79%） | 4977 |

（3）从"十一五"到"十三五"Top 10%高被引专利比重分析

相对于国际、国内而言，"水专项"产出的高质量专利在显著增长。尤其是在"十三五"时期，相对于"水专项"的专利数量而言，"水专项"产出了更多的高质量专利，甚至比重上升为2.53%，且超过了国际高质量专利的比重1.41%。

故而，可以初步下一个结论：目前"水专项"已经由"十二五"时期的"重数量"转到"十三五"时期的"重质量"增长，其中"十一五"时期"水专项"高质量专利的比重为0.25%，到"十二五"时期已经是1.03%，增长了3倍多；之后在"十三五"时期为2.53%，也就是在"十二五"时期的基础上又增长了1倍多（表9-11）。

表 9-11 Top 10% 高被引专利比重分析

|  | 年份 | 国际 | "水专项" | 国内 |
| --- | --- | --- | --- | --- |
| "十一五" | 2006—2010 | 1.42% | 0.25% | 0.10% |
| "十二五" | 2011—2015 | 1.70% | 1.03% | 0.51% |
| "十三五" | 2016—2020 | 1.41% | 2.53% | 0.89% |

### 9.2.4 技术影响力指数分析

（1）从"十一五"到"十三五"Top 1% 高被引专利分布

从表 9-12 不难发现，国际的高被引专利所占份额在显著下滑，而国内的高被引专利所占份额则在显著增长。其中，国际的比例由 93.94% 下降到 13.31%，而国内则由 3.03% 显著上升到 79.44%。"水专项"所占的份额由 3.03%，上升到"十二五"时期的 21.03%，之后则有所下降，"十三五"时期为 7.26%。

经历了 15 年的发展，在水污染治理与防治领域，国内外的研究发生了明显反转。在"十一五"时期，国际贡献了九成以上的 Top 1% 高被引专利，之后在"十二五"时期，国际和国内平分秋色，各自贡献了近一半的 Top 1% 高被引专利；在"十三五"时期，则是由国内贡献了接近 90% 的 Top 1% 高被引专利（7.26%+79.44%=86.70%）。

表 9-12 Top 1% 高被引专利年度分布　　　　　　　　　单位：项

|  | 年份 | 国际 | "水专项" | 国内 | 合计 |
| --- | --- | --- | --- | --- | --- |
| "十一五" | 2006—2010 | 62<br>(93.94%) | 2<br>(3.03%) | 2<br>(3.03%) | 66 |
| "十二五" | 2011—2015 | 101<br>(51.79%) | 41<br>(21.03%) | 53<br>(27.18%) | 195 |
| "十三五" | 2016—2020 | 66<br>(13.31%) | 36<br>(7.26%) | 394<br>(79.44%) | 496 |

(2) 从"十一五"到"十三五"技术影响力指数分析

经过多年的技术积累和技术升级,"水专项"的技术影响力显著提升,到了"十二五"时期和"十三五"时期,已经远超过国际和国内的技术影响力指数。

具体而言,从"十一五"到"十三五"的3个时期,国际的技术影响力指数均大于1,即国际专利申请和授权,更偏向于申请或授权高质量和高影响力的发明专利;同时,从"十一五"到"十三五"的3个时期,国内的技术影响力指数尽管稳步提升,但都低于1,即国内专利申请和授权,还有大量的低质量和低影响力的技术专利;至于"水专项",则由"十一五"时期不到1,迅速在"十二五"时期上升到了3.05,之后在"十三五"时期回落到2.56。

这进一步佐证了前文分析结果:目前"水专项"已经由"十二五"时期的"重数量"转到"十三五"时期的"重质量"增长,其中"十一五"时期"水专项"的影响力指数为0.88(3.03%/3.46%),"十二五"时期为3.05(21.03%/6.9%),之后在"十三五"时期为2.56(7.26%/2.84%),如表9-13所示。

表9-13 不同时期不同类别技术影响力指数比较

|  | 年份 | 国际 | "水专项" | 国内 |
| --- | --- | --- | --- | --- |
| "十一五" | 2006—2010 | 1.38 | 0.88 | 0.11 |
| "十二五" | 2011—2015 | 1.36 | 3.05 | 0.49 |
| "十三五" | 2016—2020 | 1.18 | 2.56 | 0.93 |

## 9.3 项目绩效评估:影响视角

### 9.3.1 宏观方面

如图9-3所示,全球水污染治理与防治相关的技术专利,可以划分为7个技术领域(表9-14)。

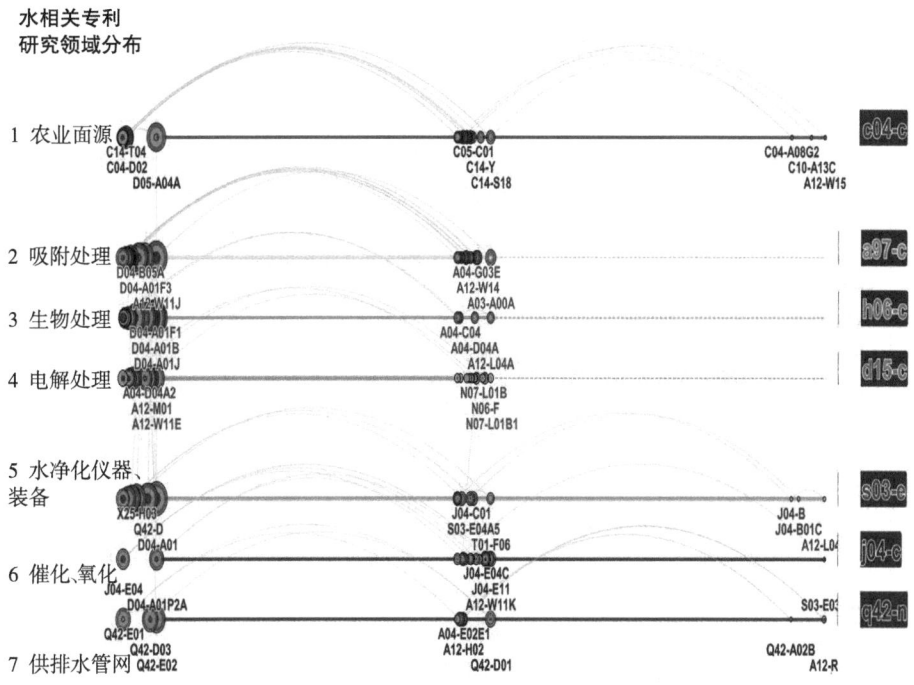

图 9-3　全球水污染治理与防治的技术领域分布（见书末彩插）

表 9-14　水污染治理与防治的主要技术领域及其代表性机构和专利

| 类号 | 领域 | 代表性子领域 | "水专项"代表性机构 | 代表性专利 |
|---|---|---|---|---|
| 1 | 农业面源（527） | 污泥发酵、土壤肥料改善、绿色技术、无机氮去除 | 中国农业科学院农业环境与可持续发展研究所、中国科学院南京地理与湖泊研究所、中国环境科学研究院 | 1. 一种利用秸秆沼渣及木霉菌剂制备的甜瓜育苗基质及其制备方法（CN106212095A）<br>2. 地衣芽孢杆菌在秸秆降解中的应用、包含该菌的微生物菌剂及其应用（CN107502572A）<br>3. 一株链霉菌及其菌剂的生产方法和用途（CN104140934B）<br>4. 一株分离自叶际的植物促生菌及其菌剂的生产方法（CN104140934B）<br>5. 微生物菌剂及其制备方法和生产生物腐植酸的方法（CN101717722B） |

续表

| 类号 | 领域 | 代表性子领域 | "水专项"代表性机构 | 代表性专利 |
|---|---|---|---|---|
| 2 | 吸附处理（805） | 吸附阻垢、重金属吸附处理、膨胀剂、絮凝剂、离子交换树脂、磁性树脂、纳米薄膜、半透膜分离技术、交联剂 | 南京大学、北京碧水源膜科技有限公司、河海大学 | 1. 一种连续流内循环拟流化床树脂离子交换与吸附反应器（CN102219285B）<br>2. 一种机械搅拌内循环树脂离子交换与吸附反应器（CN102219284B）<br>3. 一种去除精细化工生化处理尾水毒性的方法（CN107459170A）<br>4. 基于污染阻控的地下水中 DNAPL 污染修复系统和方法（CN107720853A）<br>5. 苯酚降解微生物菌剂、固定化小球及制备方法（CN107653209A） |
| 3 | 生物处理（1025） | 生物降解、臭氧氧化、臭氧生物活性炭、离子交换、压力过滤 | 南京大学、哈尔滨工业大学 | 1. 一种混酸硝化废水生物毒性的解除方法（CN101531430B）<br>2. 一种除硝态氮树脂及其制备方法（CN107057004B）<br>3. 一种利用太阳能的厌氧污水处理强化装置及方法（CN102249409B） |
| 4 | 电解处理（831） | 聚电解质控制、锌电解、电解锰、重金属去除、工业废水处理、重金属废物回收、金属氧化物、铁氧化、脱钙剂、脱硫技术、脱氮技术 | 中国科学院过程工程研究所、哈尔滨工业大学 | 1. 一种高含盐工业废水深度处理与脱盐回用的方法（CN104016530B）<br>2. 一种用于淀粉水解液脱盐的组合工艺方法（CN109761434A）<br>3. 一种粉体树脂脱附再生反应器（CN102489347B） |

续表

| 类号 | 领域 | 代表性子领域 | "水专项"代表性机构 | 代表性专利 |
|---|---|---|---|---|
| 5 | 水净化仪器、装备（454） | 膜净化技术、水的纯度测度仪、水的抽样法、色相光谱法、旋光计、薄层色谱法、水压测量仪、水中pH值测量仪、实验室设备、控制器 | 聚光科技（杭州）股份有限公司、中国环境科学研究院、浙江大学、生态环境部华南环境科学研究所、清华大学 | 1. 一种采用离子色谱检测制药废水中磷霉素钠的方法（CN103728385B）<br>2. 一种水中挥发性有机污染物样品前处理系统（CN103149335B）<br>3. 一种降雨触发式径流自动采样器及其方法（CN103698159B） |
| 6 | 催化、氧化（520） | 化学工程、催化剂生产、催化剂活化、催化氧化还原、臭氧催化氧化 | 南京大学、重庆大学 | 1. 慢速多批次溶滤基岩含水层岩石样品的实验系统和方法（CN111665180A）<br>2. 一种利用熔融盐活化制备活性炭的方法（CN104163427B）<br>3. 一种含甲醇碱性树脂脱附液的回收处理装置及方法（CN108911289A） |
| 7 | 供排水管网（262） | 供水系统、排水管、土木工程、下水道、河道、城乡供水系统 | 沈阳建筑大学、北京林业大学、山东省城市供排水水质监测中心、重庆大学、清华大学深圳研究生院 | 1. 一种用于测定水中致嗅物质总量的方法及装置（CN103645113B）<br>2. 一种增设多孔透水隔离墙的截留式排水泵站截污优化系统（CN106836441A）<br>3. 基于液位控制的稻田污染物联控消纳装置及方法（CN105507221B） |

目前，基于国际、国内和"水专项"3个专利数据集的聚类，发现整体可以划分为10多个小的类别，其中主要有七大技术领域，具体是农业面源，吸附处理，生物处理，电解处理，水净化仪器、装备，催化、氧化，供排水管网。

在农业面源技术领域，"水专项"参与单位中具有代表性的研究机构是中国农业科学院农业环境与可持续发展研究所、中国科学院南京地理与湖泊研究所、中国环境科学研究院等，其相关技术研究有污泥发酵、土壤肥料改善、绿色技术、无机氮去除等。

在吸附处理技术领域，"水专项"参与单位中具有代表性的研究机构是南京大学、北京碧水源膜科技有限公司、河海大学等，其相关技术研究有吸附阻垢、重金属吸附处理、膨胀剂、絮凝剂、离子交换树脂、磁性树脂、纳米薄膜、半透膜分离技术、交联剂等。

在生物处理技术领域，"水专项"参与单位中具有代表性的研究机构是南京大学、哈尔滨工业大学等，其相关技术研究有生物降解、臭氧氧化、臭氧生物活性炭、离子交换、压力过滤等。

在电解处理技术领域，"水专项"参与单位中具有代表性的研究机构是中国科学院过程工程研究所、哈尔滨工业大学等，其相关技术研究有聚电解质控制、锌电解、电解锰、重金属去除、工业废水处理、重金属废物回收、金属氧化物、铁氧化、脱钙剂、脱硫技术、脱氮技术等。

在水净化仪器、装备技术领域，"水专项"参与单位中具有代表性的研究机构是聚光科技（杭州）股份有限公司、中国环境科学研究院、浙江大学、生态环境部华南环境科学研究所、清华大学等，其相关技术研究有膜净化技术、水的纯度测度仪、水的抽样法、色相光谱法、旋光计、薄层色谱法、水压测量仪、水中 pH 值测量仪、实验室设备、控制器等。

在催化、氧化技术领域，"水专项"参与单位中具有代表性的研究机构是南京大学、重庆大学等，其相关技术研究有化学工程、催化剂生产、催化剂活化、催化氧化还原、臭氧催化氧化等。

在供排水管网技术领域，"水专项"参与单位中具有代表性的研究机构是沈阳建筑大学、北京林业大学、山东省城市供排水水质监测中心、重庆大学、清华大学深圳研究生院等，其相关技术研究有供水系统、排水管、土木工程、下水道、河道、城乡供水系统等。

(1) 农业面源

第一个技术领域是：农业面源水污染防治。农村改革 40 多年来，随着农业的快速发展，农业面源污染从无到有、从点到面、从区域到全国，污染程度从轻到重，污染源从单一到多元，日益演变成为一个共性问题。在时间维度上，农业面源污染总体表现为"下降—上升—下降"的波动变化趋势，但在一定时段内则呈现出线性增长的态势；在空间维度上，由于农业生产结构、生产规模的不同，农业面源污染表现出明显的地域差异性，特别是农业大省和经济发达地区，农业面源污染较为严重。从排放强度来看，东部和中部地区较西部地区明显偏高[58]。

这个技术领域主要包括 32 个子技术领域，如污泥发酵、土壤肥料改善、绿色技术、无机氮去除等。在该技术领域，总共涵盖 14 275 项发明专利（基于每个子技术领域统计，故会重复计算），包括国际 3220 项、国内 10 190 项和"水专项"865 项，其中"水专项"占比为 6.06%。

在子技术领域"污泥发酵"方面，国际、国内和"水专项"方面的专利都是最多的，其中"水专项"有 159 项，主要有保氮除臭免通气槽式堆肥发酵技术（ZJ32121-02B-092100041A）、畜禽粪便好氧发酵设备技术（ZJ32121-03A-101050071A）、畜禽养殖粪污沼气发酵物料预处理菌剂及沼气反应器（ZJ32124-01B-122050011A）、畜禽养殖废弃物异位微生物发酵床处理与资源化利用技术（ZJ32131-01A-151030071A）、有机废弃物卧式干式厌氧发酵技术（ZJ32131-04B-141140011A）、畜禽养殖废弃物立式厌氧干发酵技术（ZJ32131-05B-141140011A）、发酵床垫料制有机肥（ZJ32131-06B-141140011A）、发酵床垫料及沼渣有机肥配方技术（ZJ32135-02B-141140011A）、发酵床养殖零排放控制与垫料资源化利用技术（ZJ32215-01B-131030061A）等。

1）"水专项"的代表性技术

在子技术领域"植物净化"方面，"水专项"的专利数占比最多，约为 25.0%（国际 2 项、国内 34 项和"水专项"12 项），包括"基质+菌剂+植物+水力"人工湿地四重协同净化技术、快滤模块-植物生物氧化沟-塘-人工湿地集成技术、植物篱埂垄向区田水土氮磷保持农作技术、东北坡岗农田植物篱埂垄向区田水土氮磷保持农作技术、坡耕地土壤氮磷截留与流失阻控的复合植物篱防控技术等。

2）代表性技术介绍

"植物净化"具体指的是植物可以吸收污水中的无机磷、氮等多种营养性物质，并使其良好生长。在正常情况下，污水所含有的氨、氮是植物生长不可或缺的物质，能被吸收并合成植物蛋白和有机氮，再通过植物的收割可从废水中有效清除，而污水中其他的氮物质会通过湿地降解微生物，使氮不会过多残留；在植物吸收及同化作用下，污水中的无机磷可以转变为植物ATP、DNA 等有机成分，然后通过植物收割从系统中有效去除[59]。同时，植物还可吸附、富集污水中的毒害性物质，如铅、镉、砷等，从吸收能力看，沉水植物＞漂浮植物＞挺水植物。试验结果显示[60]，风车草可吸收污水中30% 的铜与锰，5%～15% 的锌、镉、铅等，荠菜根系在附着大量细菌后，可加快硒的富集与挥发。

3）代表性技术的工程示范

代表性技术的工程应用，主要体现在"西湖湖西水域水生植物群落优化示范工程""水生植物–土壤–水域格局优化消减蒸散发生态节水工程"等。以白洋淀独特的年内和年际蒸散发耗水规律及其影响因素为依据，从横向、垂向上对蒸散发关键调控因子和阈值进行界定，提出了台田芦苇是实现白洋淀生态节水目标的关键植物群落，形成了以密度调控和叶面积削减为关键技术的水生植物–土壤–水域格局优化消减蒸散发生态节水技术。

4）代表性技术的工程示范效果

针对白洋淀芦苇群落蒸散发耗水的规律及其供水条件不可人为控制的特点，兼顾生态节水与生态环境效益目标，实现了氮磷去除及经济效益的结合，保障了节水技术的长效性，体现了多效应综合保障的特点。河北省保定市相关监测部门对示范区与对照区进行了为期 6 个月的蒸散发量对比监测，结果表明技术实施后示范区较对照区蒸散发耗水消减量 10% 以上，生态节水效果明显。

（2）吸附处理

第二个技术领域是：吸附处理。吸附法是废水处理技术中应用较为普遍且效果良好的物化方法之一，与其他方法相比，其具有对大分子有机污染物的去除效果好、处理水质稳定、二次污染小、吸附剂可循环利用等优点，因此在废水处理中，吸附法有着非常重要的地位。同时，絮凝剂在絮凝过程中，会在污染物之间起到吸附架桥作用，使水中污染物得以絮凝沉淀，因此，基于絮凝剂的吸附也是废水吸附处理研究的重要内容。

这个技术领域主要包括29个子技术领域，如吸附阻垢、重金属吸附处理、膨胀剂、絮凝剂、离子交换树脂、磁性树脂、纳米薄膜、半透膜分离技术、交联剂等。在该技术领域，总共涵盖53 546项发明专利（基于每项子技术领域统计，故会重复计算），包括国内专利10 190项和"水专项"1571项，其中"水专项"占比为2.93%。

在子技术领域"吸附阻垢"方面，国内和"水专项"专利都是最多的，其中"水专项"有358项，主要有应对水中超标锑污染物的酸性化学沉淀饮用水处理方法、一种改性沸石吸附剂的制备及应用、微污染水源三级联用净水方法及所用的沉淀装置、一种高密度活性炭沉淀池及其沉淀工艺、一种去除水中高氯酸根离子的方法及吸附材料的制备方法、基于前驱体形态和絮凝剂形态匹配的消毒副产物控制方法等。

1）"水专项"的代表性技术

在子技术领域"磁性树脂"方面，"水专项"的专利数在国内（102项）和"水专项"（33项）所有的专利中占比最多，约为24.44%，包括一种磁性树脂废水处理反应器及其使用方法、一种磁性树脂高效吸附-分离-浓缩反应器、一种磁性树脂生物净化装置、一种去除树脂脱附液中硝态氮的装置及其应用工艺等技术专利。

2）代表性技术介绍

磁性树脂是指将磁性粒子嵌入树脂中，使其能够沉淀分离，同时还可以使树脂的粒径减小，增加吸附量。南京大学双陈冬、谈政焱、刘福强等人公开了一种磁性树脂高效分散与分离的废水处理反应器及其使用方法[61]，具体包括均匀布水装置、稳流组件、出水堰板和磁滚筒分离装置。其中，均匀布水装置为"工"字形同程布水装置，位于反应器底部；稳流组件固定于反应器中部；出水堰板设在反应器顶部边缘上；磁滚筒分离装置紧贴出水堰板置于反应器顶部。与常规的磁性树脂水处理系统一体化反应器相比，这种反应器极大地降低反应器高度、减轻水泵压力、节省能耗、减少占地面积，操作简便。

3）代表性技术的工程示范

南京大学在磁性树脂制备上具有较好的研发基础。在"水专项"的支持下，从"十一五"到"十三五"，共设置了3个课题对磁性树脂从材料、装备、工艺角度，进行了持续的研发、优化和改进。"十一五"课题"贾鲁河流域废水治理与回用关键技术研究与示范（2009ZX07210-001）"、"十二五"课题"贾鲁河流域水质改善综合控制研究与示范（2012ZX07204-001）"和"十三五"课题"重点流域石化废水资源化与'零排放'关键技术产业化（2013ZX07210-001）"，分别在贾鲁河流域废水治理、贾鲁河流域水质改善、重点流域石化废水等方面进行了应用。

4）代表性技术的工程示范效果

在贾鲁河流域废水治理与回用的工程应用中，南京大学团队自主研发出新型磁性可再生强碱阴离子交换树脂，并首次实现了产业化，在江苏滨海建立了一条40 t/a的中试生产线，打破了国际垄断。该磁性树脂在性能方面位居世界领先水平，对比国际品牌磁性阴离子交换树脂（MIEX），具有处理水量大、处理率高、出水水质易于调节、分离速度快、脱附容易、抗污染性能好、使用寿命长等优点，其交换容量约为后者的1.5倍，对生化尾水中溶解性有机质的吸附容量为后者的2倍左右，体现出耐负荷波动、大流量处理等方面的优势。同时，其使用寿命及制造成本竞争优势显著，之后在郑州建立示范工程2项，后续在江苏推广应用工程4项。

此后，在贾鲁河流域水质改善的工程应用上，南京大学进一步优化配方，研制出抗污染性强的永磁性磁性阴离子交换树脂，建成300 t/a的树脂生产线，并研发了磁性树脂脱附液处理技术，建立了5000 t/d娱乐性景观用水示范工程，后续在江苏推广应用工程4项。

在重点流域石化废水工程中，南京大学针对石化废水生化出水硝氮难以处理的问题，开发了能够在较高盐体系中高选择性去除硝酸盐氮的长烷基链磁性树脂；建立了以磁性树脂为核心的石化废水提标改造工艺，并形成工艺包。相关技术发布企业标准4项，在江苏、河北分别建立了7000 t/d、3万 t/d深度脱氮推广应用工程。

（3）生物处理

第三个技术领域是：生物处理。生物处理是指利用微生物的代谢作用去除废水中有机污染物的一种方法。生物处理法去除氨、氮相对来说经济有效，是目前应用最广、最具有应用前景的方法。它是指水中的氨、氮在微生物作用下，通过硝化和反硝化作用达到去除的目的。硝化作用是指在好氧条件下通过好氧硝化菌和亚硝化菌的作用将氨、氮氧化成亚硝酸盐或硝酸盐。在缺氧条件下，通过反硝化菌的作用可将亚硝酸盐和硝酸盐还原为氮气而从水中彻底去除。

这个技术领域主要包括23个子技术领域，如生物降解、臭氧氧化、臭氧生物活性炭、离子交换、压力过滤等。在该技术领域，总共涵盖92 988项发明专利（基于每个子技术领域统计，故会重复计算），包括国内专利90 468项和"水专项"2520项，其中"水专项"占比为2.71%。

在子技术领域"生物降解"方面，国内和"水专项"的专利都是最多的，其中"水专项"有552项，主要有一种地下水中甲基叔丁基醚的生物降解方法、一种载银活性炭/二氧化钛耦合与超滤组合装置及控制水中有机物与病原微生物的方法、一种去除水中复合藻类及叶绿素的方法及装置、用于饮用水生产的膜生物反应器及方法等专利技术。

1）"水专项"的代表性技术

在子技术领域"臭氧生物活性炭"方面，"水专项"的专利数在国内（123项）和"水专项"（13项）所有的专利中占比最多，约为9.56%，具体有一种臭氧接触池及臭氧接触方法、一种利用热处理控制饮用水臭氧/生物活性炭工艺浮游动物繁殖的方法、臭氧-生物活性炭水净化方法及装置等专利技术。

2）代表性技术介绍

臭氧生物活性炭是集臭氧氧化、生物降解、活性炭吸附于一体的生物处理技术。其中，微生物的降解作用使得活性炭吸附的有机物被去除，将活性炭内这部分物质所占有的吸附位重新空出来，从而长时间地保持活性炭的吸附能力，延长了活性炭工作寿命；臭氧的强氧化性能够将一些难以生物降解的有机物转化为更小的化合物，可被细菌用作底物。臭氧生物活性炭可以视为饮用水处理单元的最后一道屏障，确保游离态藻源有机质的去除及强化对残留藻细胞的处理。

3）代表性技术的工程示范

臭氧生物活性炭技术在对藻类及其副产品协同控制方面具有显著效果，结合实际效果和经验，进一步编制了《太湖水源饮用水深度处理工艺选用指南》等。这些都为高藻原水协同净化技术在市政给水领域更广泛的工程应用提供有力依据和指导。

4）代表性技术的工程示范效果

臭氧生物活性炭在典型高藻原水地区的水污染治理中应用后，形成了一套"预氧化/粉末活性炭（应急处理）+（强化）常规处理+臭氧活性炭/膜技术"处理流程，实现了对藻类及其副产物的多级屏障作用，确保了出水水质达标。

成果已经在上海、无锡、苏州等以湖库型水体为水源的城市乃至全国类似城市推广应用，完善了太湖流域受水地区"从源头到龙头"饮用水安全保障技术体系，保障了污染湖库水源地区饮用水供给的稳定与安全，有力地支撑了"水专项"重大标志性成果。

（4）电解处理

第四个技术领域是：电解处理水污染防治。电解处理即在电的驱动下，废水中的阴阳离子会在电场力的作用下分别向阴极和阳极迁移，在迁移的路径上放置离子交换膜以控制需要截留和滤过的离子以达到分离、纯化的目的。电解处理又被称为铁碳内电解技术、零价铁法、铁碳法、铁还原法等，主要利用工业加工过程中产生的铁屑、活性炭颗粒和铸铁屑的混合填充体，处理印染、制药、电镀、焦化等领域的难生物降解废水，是一种"环境友好"型技术[62]。与其他水处理技术相比，电解技术具有以废治废、运行费用低、效果稳定、普适性强等特点[63]。

这个技术领域主要包括 22 个子技术领域，如聚电解质控制、锌电解、电解锰、重金属去除、工业废水处理、重金属废物回收、金属氧化物、铁氧化、脱钙剂、脱硫技术、脱氮技术等。在该技术领域，总共涵盖 18 284 项发明专利（基于每个子技术领域统计，故会重复计算），包括国内专利 17 906 项和"水专项" 378 项，其中"水专项"占比为 2.07%。

在子技术领域"聚电解质控制"方面，国内（3203 项）和"水专项"（49

项）专利都是最多的，包括一种同步去除电镀废水中微量重金属的装置及方法，一种从化学镀镍老化液中回收镍、缓冲盐和水的方法，一种重金属废水的回用兼处理方法及其回用兼处理系统，可用于处理含复杂重金属和/或放射性废水的复合药剂及其应用等专利技术。

1）"水专项"的代表性技术

在子技术领域"脱硫技术"（电解法脱硫废水处理）方面，"水专项"的专利数在国内（190项）和"水专项"（8项）所有的专利中占比最多，约为4.04%，有基于压力-电驱动膜组合高效脱盐/浓缩技术、高毒性脱硫废液解毒处理技术、高硫酸盐废水硫回收技术、高硫酸盐制药废水脱硫-MIC多级内循环厌氧强化处理技术、焦化废水的高效电渗析脱盐装置与方法、同步除盐除难降解有机物的电化学废水处理方法、电渗析处理煤化工含盐废水的膜污染防治方法、用于焦化废水的高效电渗析脱盐装置与方法等专利技术。

2）代表性技术介绍

我国是世界上最大的煤炭生产国和消费国，煤炭在中国能源结构中的比例高达76.2%，我国排放的二氧化硫90%来自燃煤。燃煤产生的二氧化硫和酸雨已对农作物、森林、建筑物和人体健康等方面造成了巨大的损失。

国内典型的脱硫废水处理系统是通过中和、沉降、絮凝、浓缩的物理化学过程去除废水中污染物。但仅靠化学沉淀——絮凝对COD的去除率较低，对于COD较高（$\geqslant 200$ mg/L）的脱硫废水难以处理达标。

基于电解法处理脱硫废水，可以有效解决高COD脱硫废水中COD难以处理达标的问题，具体实现是利用电解法处理高COD脱硫废水，脱硫废水含有大量的氯化物，其氯离子浓度一般为8000~20 000 mg/L，电解时无须再添加电解质氯化钠，在电解过程中，阳极上释放出氧气和氯气，由于释放出的氧气和氯气是新生态的，所以它们具有很强的氧化能力，能使废水中的有机物发生强烈的氧化而分解。

3）代表性技术的工程示范

沈煤集团鞍山盛盟煤气化公司110万t干熄焦会产生50 $m^3$/d真空碳酸钾脱硫废液和2400 $m^3$/d焦化废水。其中，脱硫废液中氰化物和硫化物浓度高达每升数千毫克，毒性极大；同时焦化废水也需要实现废水零排放。

沈煤集团鞍山盛盟煤气化公司的示范工程采用"水专项"开发的电解法处理脱硫废水技术，通过加入开发的脱硫脱氰剂，废液中硫化物和氰化物得到分布沉淀反应分离，再经过氧化转化为溶度积更低的沉淀，之后通过脱氰混凝剂进一步实现氰化物深度脱除，解毒后废液满足生物处理要求，进入焦化废水处理系统，从根本上解决了困扰真空碳酸钾脱硫工艺的环境污染和废液循环造成设备腐蚀的老大难问题。

解毒后脱硫废液和焦化废水合并进入调节池后，进入生物处理系统，经过生物强化脱碳脱氮处理后，大部分有机物和氨、氮得到脱除；进入混凝沉淀系统，在研制的高效脱氰混凝剂作用下，有机物和总氰化物得到脱除后，再经过过滤进入课题研发的臭氧多相催化氧化系统，难降解有机物得到催化矿化和降解为小分子有机物后，进入曝气生物滤池，小分子有机物和残留氨、氮得到生物降解。出水进入集成膜处理系统，经过反渗透进行脱盐回用，通过适当浓水循环提高产水率，结合前序臭氧催化氧化降低膜污染。

4）代表性技术的工程示范效果

沈煤集团鞍山盛盟煤气化公司示范工程已经稳定运行多年，之后交由第三方运营公司鞍山康盛环保科技有限公司运营。其间，运行指标达到合同指标。膜系统淡水产率达到80%，少量浓盐水暂存于盐湖用于检修时的湿法熄焦和冲渣，从而实现废水零排放。

此后，电解法脱硫废水处理技术已经进一步推广到鞍钢鲅鱼圈、邯钢和重钢等企业。

（5）水净化仪器、装备

第五个技术领域是：水净化仪器、装备。针对我国水处理关键材料依赖国外进口的状况，"水专项"坚持原始创新与集成创新相结合，研制出具有自主知识产权的滤膜、滤池填料、吸附树脂、混凝药剂等新型水处理功能材料，包括高强度中空纤维PVDF微滤膜、DF超低压反渗透膜、高端耐污染反渗透膜等一系列国产化膜材料。此外，"水专项"研发设计出新型高效两级分离内循环厌氧IC反应器。与国外同类技术相比，该反应器基建费用降低了 50% 以上，更适合国内国情，更容易被企业所接受，打破了国外的技术垄断。新型国产化 IC 厌氧反应器、流化床芬顿等"水专项"关键技术装备已在造纸、食品、发酵等高浓度有机工业废水处理工程市场占有率达 40% 以上。

针对我国水环境有毒污染物和水质在线监测仪器主要依赖进口，国产化仪器运行效果不理想等问题，"水专项"研制出国产化的便携式水中重金属自动检测仪、便携式水中有毒污染物检测仪、藻及营养参数在线监测仪、水质安全在线生物监测仪与预警系统。其中，便携式水中有毒污染物检测仪具有分析速度快、定性准确、灵敏度好、可靠性高、适应性强、使用简捷、可基本免维护等特点；结合研制的配套吹扫捕集装置和复杂样品快速前处理的固相微萃取装置，分析能力满足《地表水环境质量标准》（GB 3838—2002）中规定的有机物检测要求，较好地满足水环境有机物的现场应急检测需求。完成了前处理与质谱分析于一体的水中有毒污染物在线监测仪的研制，实现了水体中甲苯、乙苯、对二甲苯、邻二甲苯、异丙苯等有机有毒污染物的在线监测，填补了 GC-MS 在环境在线监测应用领域的空白，提升了水质在线监测的智能化水平；水质安全在线生物监测仪与预警系统以生物毒性在线监测预警技术为核心，集成生物和化学监测技术和智能化分析系统，研发了生物毒性在线监测预警技术，实现了对各种类型毒性污染快速响应、污染事故的在线生物预警监测和智能化解析判断技术；生物-化学各单元模块相互兼容，镶嵌多功能数据处理、数据传输模块，通过智能化解析判断技术可实现针对不同水质安全监测预警的需求。

这个技术领域主要包括 16 个子技术领域，如膜净化技术、水的纯度测度仪、水的抽样法、色相光谱法、旋光计、薄层色谱法、水压测量仪、水中 pH 值测量仪、实验室设备、控制器等。在该技术领域，总共涵盖 81 918 项发明专利（基于每个子技术领域统计，故会重复计算），包括国内专利 79 234 项和"水专项" 2684 项，其中"水专项"占比为 3.28%。

在子技术领域"膜净化"方面，国内（55 160 项）和"水专项"（1754 项）的专利都是最多的，其中"水专项"占比为 3.08%。以膜技术为核心的新一代饮用水处理技术与工艺，拥有优越的颗粒、胶体和病原微生物截留效能，以及具备少投入甚至不投入化学药剂、占地面积小、便于实现自动化等优点。

超滤膜技术是一种绿色物理分离的膜技术，可有效截留水中的细菌、病毒、两虫、藻类及水生生物，是保证水的微生物安全性最有效的技术。此外，超滤膜与其他水处理工艺的组合形式、协同机制、技术参数优化、膜污染控制等成为当前研究热点。另外，膜生物反应器（Membrane Bio-Reactor，MBR）是一种由膜分离单元与生物处理单元相结合的新型水处理技术，还可分为平板膜、管状膜和中空纤维膜等，按膜孔径可划分为微滤膜、超滤膜、纳滤膜、反渗透膜等。

基于我国不同水源水质问题，通过将膜技术同混凝、过滤、预氧化等技术优化组合，面向不同膜水厂的设计和应用需求，在对现有膜工艺运行特性充分调研和吸纳水专项成果的基础上，对各种预处理工艺与膜处理的匹配性进行总结分析，提出适用于不同水质条件下的膜组合技术，实现了超滤难降解污染物的高效去除；在膜工艺运行过程中，针对不同地域、不同季节的水源水质特点和膜工程现状，对膜运行通量、膜系统运行周期、膜运行压力、膜系统回收率等关键技术参数和指标进行了优化，构建具有普适意义的水质保障解决方案和相关措施，形成共性关键技术。在保障膜工程出水安全达标的基础上，实现了组合工艺的稳定运行，同时有效节约了运行过程中的能耗，控制了膜水厂运行成本，为我国城镇供水厂膜工艺升级改造提供了技术支撑。

1)"水专项"的代表性技术

在子技术领域"饮用水检测仪"方面，"水专项"的专利数在国内（170项）和"水专项"（37项）所有的专利中占比最多，约为17.87%，有水体综合毒性检测系统及方法、遥控式移动水质快速监测系统、测定水体有机污染物毒性的方法、一种液相微萃取技术测定水中PPCPs的方法、一种多氯联苯类污染物的快速定性检测方法等专利技术。

2）代表性技术介绍

针对水环境监测装备核心技术落后、国产化水平低的现状，突破微通道多流路切换、微石英晶体微天平检测、多功能复杂水样预处理等关键技术，"水专项"承担单位自主研制总磷、总氮、铅、镉等13种水质在线监测仪和5种便携式监测设备。建设形成聚光、德林、力合、怡文、先河等5个水质监测仪产业化基地。其中，聚光科技自主研发的高锰酸盐指数等11款水质在线分析仪具有强复杂工况适应性，使企业形成系统化的水质在线监测装备供应能力，有效促进了国内水环境监测装备技术水平提升和产业发展，扭转了进口仪器占市场主导地位的局面，为规范监测装备产业有序发展提供有效保障。

3）代表性技术的工程示范

"水专项"设置的课题"水环境监测仪器研发与在线监测社会化服务产业化示范（2014ZX07507001）"重点开展仪器关键技术突破与设备研制工作，研发出12款具有自主知识产权的高端水质监测仪器及配套装置，并在河南省环境监测中心、湖北丹江口水库和石家庄岗南水库开展了示范应用；课题面向在线监测社会化服务升级需求，重点开展水质在线监测装备物联化共性技术研究，编制形成《水质在线监测装备物联化标准集》等技术规范，实现了基于物联网的在线监测社会化服务管理，并在太湖和辽河流域的重点城市成功开展了规模化应用示范。

4）代表性技术的工程示范效果

课题承担单位聚光科技牵头成立的水环境监测装备研发和社会化服务产业创新联盟，通过协同技术创新和产业化推广，在课题实施期内累计形成10.9亿元规模的水质监测装备产值。其中，研制的便携式有机有毒污染物检测仪已成功在中国环境监测总站、河南省环境监测站、山东省环境监测站、济南供排水中心等多家行业代表性单位中应用，并参与天津港爆炸、杭州四氯乙烯泄漏等突发事件现场应急监测和G20杭州峰会、厦门金砖会议、青岛上合峰会等国家重大会议保障监测工作，打破该领域国外进口产品垄断国内市场的局面。与进口同类产品相比，该仪器应用成本降幅超过50%，2018年市场占有率达30%；研制的藻及营养盐在线监测仪填补了国内空白，其性能达到了国际同类产品的水平，价格仅为国外产品的30%左右，打破了国外进口产品的垄断，为我国全方位进行水质在线监测预警提供了有力的技术支撑，在课题执行期内已推广应用到安徽、江苏、四川、湖北等省，实现销售收入120余万元。

（6）催化、氧化

第六个技术领域是：催化、氧化水污染防治。随着我国工业、农业的迅速发展，水环境污染导致城市水源地水质下降的现象日益严重，提高净水工艺的处理效率、保证饮用水安全是当前面临的严峻课题。在众多的饮用水处理工艺中,"臭氧-活性炭"工艺通过臭氧氧化分解、活性炭吸附及炭上附着微生物的生物降解等作用,对水中污染物质有较强的去除能力。研究发现,在臭氧氧化过程中加入载锰颗粒活性炭催化剂可有效促进水中难降解有机物的去除[64]。

这个技术领域主要包括15个子技术领域,如化学工程、催化剂生产、催化剂活化、催化氧化还原、臭氧催化氧化等。在该技术领域,总共涵盖22 584项发明专利(基于每个子技术领域统计,故会重复计算),包括国内专利21 789项和"水专项"795项,其中"水专项"占比为3.52%。

在子技术领域"化学工程"方面,国内(12 343项)和"水专项"(461项)专利都是最多的,其中"水专项"占比为3.60%,主要有高盐有机废水臭氧催化氧化技术、硫酸催化玉米芯水解生产糠醛技术、硫酸催化玉米芯水解生产技术、亚硫酸亚铁-过氧化氢催化氧化(Fenton氧化)等专利技术。

1)"水专项"的代表性技术

在子技术领域"臭氧催化氧化"方面,"水专项"的专利数在国内(252项)和"水专项"(28项)所有的专利中占比最多,为10.00%,包括一种负载型双组分金属氧化物臭氧催化氧化催化剂的制备方法、一种催化臭氧氧化去除水中氨氮的负载型金属氧化物催化剂的制备方法及应用、一种催化臭氧氧化同时去除废水中COD和总氮的方法、高盐有机废水臭氧催化氧化技术、一种臭氧催化氧化系统等专利技术。

2)代表性技术介绍

臭氧催化氧化是通过催化剂的作用,促进臭氧分解产生羟基自由基。羟基自由基较臭氧具有更强的氧化性,与有机物的反应速率更高,与有机物反应的选择性较弱,可以对臭氧难以氧化的物质进行完全的矿化。由于目前的工业废水处理工艺出水不能完全满足排放标准的要求,加上我国工业废水排放标准日渐严格,臭氧催化氧化成为提升难降解废水处理效果的关键技术之一。利用臭氧催化氧化技术,可以对印染、炼油、造纸、食品等诸多行业废水进行深度处理,对水中的色度、总有机碳、COD、难降解有机物等均有一定的去除效果[65]。

3）代表性技术的工程示范

臭氧催化氧化的典型应用有：微氧水解酸化-缺氧/好氧-微絮凝砂滤-臭氧催化氧化技术（ZJ12400-01）、臭氧催化氧化耦合BAF同步除碳脱氮技术（ZJ12400-02）等。

"微氧水解酸化-缺氧/好氧-微絮凝砂滤-臭氧催化氧化技术"针对石化综合污水成分复杂、有毒及难降解有机物含量高的特点，分别从有毒有机物和难降解有机物强化去除等角度开展研究，突破了石化综合污水微氧水解酸化预处理、臭氧催化氧化深度处理等关键技术，形成了石化综合污水"微氧水解酸化-缺氧/好氧-微絮凝砂滤-臭氧催化氧化"集成工艺。采用微氧水解酸化，不仅可将难降解的大分子有机物转化为简单易降解的小分子有机酸等物质，而且可以有效抑制有害气体硫化氢的产生，尤其适用于硫酸盐含量较高的石化废水；微絮凝砂滤对生化出水中分子量大于3000的物质和疏水性有机物具有较高去除率，而臭氧催化氧化易于去除分子量小于3000的物质，微絮凝砂滤单元和臭氧催化氧化单元高效耦合，实现了废水中悬浮物及胶体有机物和难降解小分子有机物的有序去除，保障了出水水质稳定达标。

吉林石化公司综合污水处理厂提标改造工程（设计规模24万t/d）的进水平均COD在750 mg/L左右，具体处理流程为：微好氧-厌氧交叉水解酸化池水力停留时间17 h，气水比0.25∶1；缺氧/好氧段水力停留时间22 h，气水比10∶1，污泥回流比100%；出水经二沉池沉淀后进入内循环连续砂滤池，采用粒径为0.5~1.0 mm的石英砂滤料，所投药剂为PAC，投量10 mg/L，滤速7 m/h，气水比0.2∶1；过滤出水进入臭氧催化氧化池，臭氧催化氧化池水力停留时间1h，底部通臭氧，投量35 mg/L，出水COD稳定低于50 mg/L，可满足新标准。

4）代表性技术的工程示范效果

吉林石化1900万t/a废水臭氧催化氧化单元改造工程采用高效复合型臭氧催化剂及臭氧氧化处理工程，出水满足《石油化学工业污染物排放标准》（GB 31571—2015）直接排放特别限值的条件，与2016年平均水平相比，臭氧投加量降低15%。

### （7）供排水管网

第七个技术领域是：供排水管网。随着城市的发展壮大，管网规模的逐年增加，其在城市发展中的影响显得尤为突出。当今供水管网系统的主要任务不仅是为管网用户提供足够的水量、合适的水压，还需要满足用户对饮用水水质的需求。由于供水管网系统自身庞大、体系复杂，水源原水经供水厂一系列处理达标后，通常需要经过长达数十千米配水管线的迁移才能够到达用户终端。而出厂水在长时间的输送过程中，往往较易与管网内诸多活性物质发生复杂的物理、化学及生物反应，从而导致饮用水的二次污染，其中包括消毒副产物的生成、管道腐蚀及管网生物膜的生长等。建立管网水质在线监测系统和水质模拟预测系统，了解水质在管网中的迁移转化规律，是管网水质保持的基础。

这个技术领域主要包括 12 个子技术领域，如供水系统、排水管、土木工程、下水道、河道、城乡供水系统等。在该技术领域，总共涵盖 22 584 项发明专利（基于每个子技术领域统计，故会重复计算），包括国内专利 21 789 项和"水专项"795 件，其中"水专项"占比为 3.52%。

在子技术领域"供水系统"方面，国内（3118 项）和"水专项"（84 项）的专利都是最多的，其中"水专项"占比为 2.62%，主要有强化有机物和氨氮去除的污水资源化集成系统及操作方法、供水系统风险识别技术、水源供需平衡与优化配置技术、供水系统布局模式与优化技术、区域统筹联合供水规划技术、应对水源突发性污染的原水水质风险识别技术、应急供水规划与设计技术、应急供水管理技术、应急供水处理技术、应急供水救援技术等专利技术。

1）"水专项"的代表性技术

在子技术领域"城乡供水系统"方面，"水专项"的专利数在国内（132 项）和"水专项"（32 项）所有的专利中占比最多，约为 19.51%，有供水管网水质稳定的水厂调控技术、供水管网水质动态调控技术、二次供水水质安全保障技术等专利技术。

2）代表性技术介绍

"城市供水系统"主要指的是城乡统筹供水后，供水管网变得庞大复杂，即使出厂水达标，用户龙头余氯、微生物等水质指标仍然无法稳定达标。该技术以末端用户水质达标为目标，从水厂出厂水质稳定性调控、管网水质动态调控、小区及建筑内的二次供水水质保障技术出发，在水厂—管网—小区3个层级实现水质保持技术的联动，建立供水管网水质保障多级屏障技术，形成供水管网水质保持成套技术。

在水厂，提出了针对南方低碱度低硬度原水水质条件，通过多点石灰投加的方法进行再矿化、控制管网水质化学稳定性的技术方案，以及通过深度处理工艺降低出厂水的AOC浓度，以实现管网水的生物稳定性。

在管网，通过建立厂—网二次供水多级监测预警系统和供水管网动态水质模型，诊断识别水质风险，预警突发水质事故，指导管网的更新改造；提出与水厂消毒协同的管网二次消毒优化技术，基于小区入口—管网监测点—增压站—水厂多级联合优化加氯算法实现管网的精准加氯；优化管网供水路径和水龄分布，采用气-水两相流管道冲洗技术、末端自动控制阀门排水技术等，改善管网水质。

在小区，通过优化二次供水方式、二次供水贮水设备优选、优化小区管线布置、优化二次供水二次消毒、构建二次供水信息化管理系统、加强二次供水设置的维护管理，保障二次供水水质。

3）代表性技术的工程示范

示范工程位于常州市城区（由沪蓉高速—藻江河—龙城大道—龙江路—中吴大道—德胜河围成的区域），示范技术为基于多级监测和厂网联动的管网水质提升与保障技术，示范工程供水范围为88.2平方千米，直接受益人口约100万人。构建了多级监测与预警系统，提出了二次供水水质保障措施、水厂工艺与供水管网二次补氯协同优化技术，提出了管线余氯衰减量的设定值：冬季宜为0.20 mg/L、夏季宜为0.30 mg/L。

4）代表性技术的工程示范效果

城乡统筹供水系统技术主要在太湖流域进行了技术示范和应用，包括在上海、苏州、常州、嘉兴、湖州等建设的一系列水专项示范工程。各地以末端用户水质达标为目标，在水厂出厂水水质控制、管网水龄调控、精准加氯、二次供水水质保障等各个环节实现技术突破，形成系列指南、导则或标准，构建从源头到龙头的城乡统筹安全供水综合集成平台，通过水厂—管网—小区的水质保持技术的联动，实现了管网水质的监测预警和龙头水的全面达标。

### 9.3.2 中观方面

（1）国际专利分析（Data3）

整体而言，国际有 20 797 项发明专利，主要由日本、美国等专利权人申请，其中排在前 10 位的包括日本栗田工业株式会社、日本奥加诺株式会社、日本美得华水务株式会社、日本荏原株式会社、日本久保田株式会社等（图 9-4）。

在这些研究中，国际重点关注净化水的方法，如生物法、絮凝法、活性炭吸附、氧化/曝气法、化学法等。同时还关注净化水的功能，如腐蚀预防、污泥去除、有机材料去除、供水等。

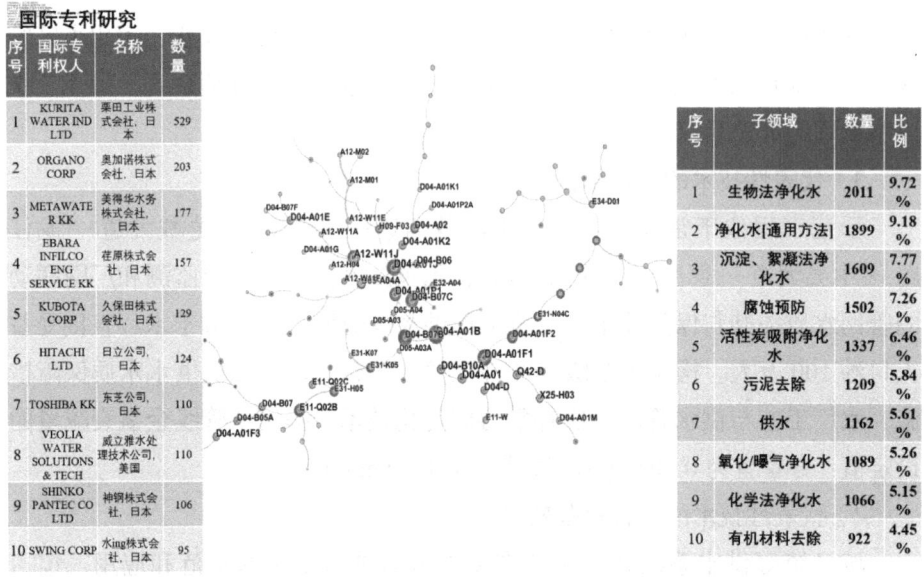

图 9-4　国际水体污染控制与治理相关专利研究（见书末彩插）

国际生物法净化水技术,以日本为例。

日本农村污水处理主要利用生物接触氧化法,典型的技术是淹没式生物滤池。生物滤池由池体、滤料、布水装置和排水系统4个部分组成。滤料是生物膜的载体,对净化作用的影响较大。常用的滤料有砂子、碎石、卵石、炉渣、陶粒和红杉板条等。日本石井勋教授发明的"石井法",是利用回收的乳酸饮料瓶做曝气池填料,滤料表面积越大,生物膜数量越多,但滤料之间的空隙太小,影响通风和水流。因此,理想的滤料表面积和空隙率都比较大。近些年对滤料的研究有很大发展,如利用各种塑料和化学纤维制成的纤维球和蜂窝式滤料等,使每立方米滤料的表面积大大增加,空隙率提高到93%~95%,如日本尤尼奇卡公司用聚酯纤维制成的纤维球滤料的空隙率达96%,滤速高,水头损失小,经反冲洗后,滤料可反复使用。

(2)国内专利分析(Data2)

相对而言,国内有55 784项发明专利,主要由来自中国石油化工集团公司、南京大学、同济大学、北京工业大学、华南理工大学、河海大学、天津大学等专利权人申请(图9-5)。

**中国专利研究**

| 序号 | 专利权人 | 数量 | 代表性研究人员 |
|---|---|---|---|
| 1 | 中国石油化工集团公司 | 396 | 李宝忠、郭宏山 |
| 2 | 南京大学 | 333 | 任洪强、张炜铭 |
| 3 | 同济大学 | 230 | 戴晓虎、张亚雷 |
| 4 | 北京工业大学 | 213 | 彭永臻、王淑莹 |
| 5 | 华南理工大学 | 207 | 万金泉、李明光 |
| 6 | 河海大学 | 195 | 操家顺、李颖 |
| 7 | 天津大学 | 180 | 季民、宋春风 |
| 8 | 常州大学 | 154 | 万玉山、马建锋 |
| 9 | 浙江大学 | 151 | 郑平、陈红 |
| 10 | 浙江工业大学 | 149 | 陈建孟、王家德 |

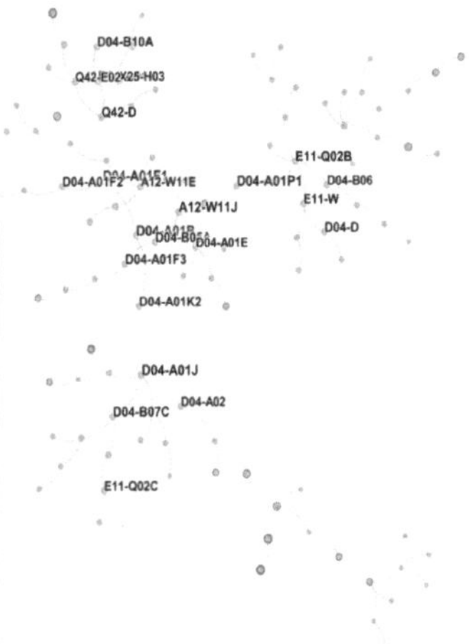

| 序号 | 子领域 | 数量 | 比例 |
|---|---|---|---|
| 1 | 活性炭吸附净化水 | 3089 | 5.54% |
| 2 | 沉淀、絮凝法净化水 | 2900 | 5.20% |
| 3 | 化学法净化水 | 2761 | 4.95% |
| 4 | 腐蚀预防 | 2746 | 4.92% |
| 5 | 净化水[通用方法] | 2736 | 4.90% |
| 6 | 生物法净化水 | 2662 | 4.77% |
| 7 | 供水 | 2452 | 4.40% |
| 8 | 氧化曝气净化水 | 2394 | 4.29% |
| 9 | 活性炭以外的方式吸附净化水 | 2165 | 3.88% |
| 10 | 污泥去除 | 2120 | 3.80% |

**中国专利,不包括水专项产出

图9-5 国内水体污染控制与治理相关专利研究(见书末彩插)

在这些研究中,国内专利研究重点关注净化水的方法,如活性炭吸附净化水、絮凝法净化水、化学法净化水、生物法净化水、氧气/曝气净化水等。同时也关注净化水的功能,如腐蚀预防、污泥去除、供水等。

活性炭吸附净化水技术

活性炭吸附净化水是典型的物理净化水方式,即利用活性炭吸附剂与被吸附物质之间产生化学作用,引起化学吸附而除去污染物。其中,采用活性炭吸附处理丙烯腈废水有典型应用,如采用多相催化氧化法预处理丙烯腈生产过程中的废水,多组分金属催化剂 $Cu^+$、$Mn^+$、$Ce^+$、$Sr$ 对 COD 和色度的去除率分别达到 26.5% 和 49.2%。

(3)"水专项"专利分析(Data1)

如图 9-6 所示,"水专项"有 3011 项发明专利,主要由来自南京大学、中国环境科学研究院、中国科学院南京地理与湖泊研究所、中国科学院生态环境研究中心、哈尔滨工业大学、清华大学、浙江大学等专利权人申请。

"水专项"专利分析

| 序号 | 子领域 | 数量 | 比例 |
|---|---|---|---|
| 1 | 生物法净化水 | 3089 | 9.03% |
| 2 | 净化水[通用方法] | 2900 | 8.40% |
| 3 | 无机氮化合物去除 | 2761 | 7.44% |
| 4 | 腐蚀预防 | 2746 | 7.14% |
| 5 | 氧化/曝气净化水 | 2736 | 7.11% |
| 6 | 活性炭吸附净化水 | 2662 | 7.01% |
| 7 | 化学法净化水 | 2452 | 6.78% |
| 8 | 沉淀、絮凝法净化水 | 2394 | 5.81% |
| 9 | 环保水处理 | 2165 | 4.62% |
| 10 | 供水 | 2120 | 4.62% |

图 9-6 "水专项"相关专利研究(见书末彩插)

在这些研究中,"水专项"专利研究重点关注净化水的方法,如生物法净化水、氧气/曝气净化水、活性炭吸附净化水、絮凝法净化水、化学法净化水等。同时也关注净化水的功能,如腐蚀预防、环保水处理、供水等。

生物法净化水在"水专项"中的一个典型应用是处理乙二醇废水。张东曙等人研究了高效生物反应器(High Performance Compact Reactor,HCR)工艺预处理上海石化的乙二醇废水的可行性。结果表明,HCR在水力停留时间短、COD污泥负荷高的运行条件下能够有效降低废水中COD含量。在系统污泥负荷很高的情况下,能迅速降低废水中COD的含量,当进水平均COD为1383 mg/L时,出水COD可降至401 mg/L以下。HCR是一种高负荷的好氧生物处理方法,它利用物质交换和生物降解的机制发展而成,融合了当今的高速射流曝气、物相强化传递、紊流剪切等技术,并具有深井曝气和流化污泥床的特点,是第3代生物反应器。该工艺具有系统占地少、基建费用低、氧利用率高、容积负荷和污泥负荷高、抗冲击负荷能力强等特点[66]。何庆生等[67]利用生物流化床技术,开展上海石化的乙二醇污水预处理工业试验研究。试验结果表明,COD值为1000~3000 mg/L时,处理后COD值小于500 mg/L,达到企业预处理标准,COD去除率达到90%,生物流化床工艺平均容积负荷为3.1 kg COD/($m^3 \cdot d$),是传统氧化沟法的4倍。该装置最大容积负荷达6.0 kg COD/($m^3 \cdot d$),充分表明该反应器较高的处理效率。

(4)中观方面综合比较

综合国际、国内和"水专项"专利,水体污染控制与治理相关研究主要聚焦在净化水的方法,如生物法净化水、絮凝法净化水、活性炭吸附净化水、化学法净化水、氧化/曝气净化水等。此外,也关注净化水的功能,如腐蚀预防、供水、无机氮化合物去除等。

整体而言,"水专项"专利占所有有效发明专利(Data1、Data2和Data3)的比重为3.8%。从"水专项"专利对不同技术子领域的影响来看,"水专项"在无机氮化合物去除、氧化/曝气净化水、生物法净化水等方面贡献较多(图9-7)。

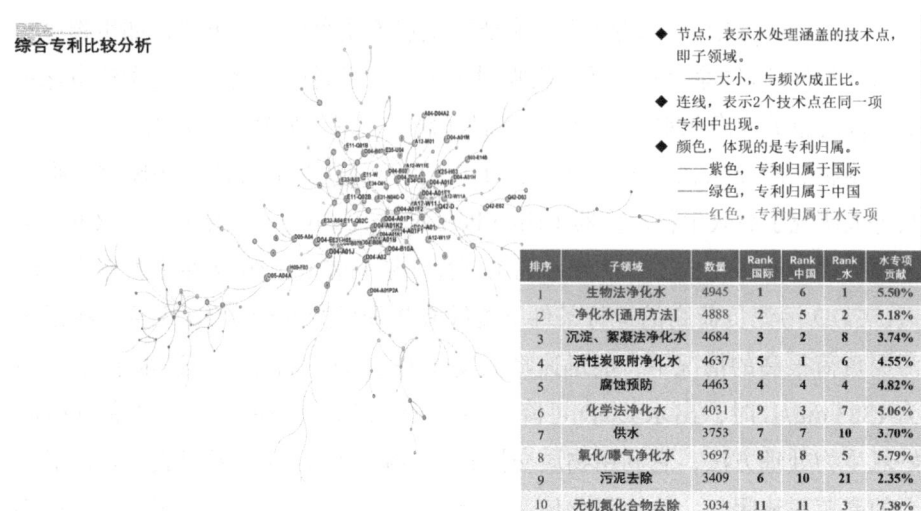

图 9-7 综合比较（见书末彩插）

浙江大学马庆旭和吴良欢创新性地设计了一种制备生物碳基缓释氮肥的装置[68]，主要由搅拌机、真空挤压机、第一烘干机、对辊挤压造粒机、第二烘干机、称量装袋机构成，并设有有机碳进料口、尿素溶液进料口、液压千斤顶、真空泵，搅拌机与真空挤压机的一侧连接，第一烘干机内设有第一传送带，第二烘干机内设有第二传送带。该发明装置设计合理，制作简单成本低。利用此发明装置对生物炭抽真空，为尿素进入生物炭孔隙提供足够的空间，经过抽真空-挤压-挤压造粒后，生物炭与尿素紧密结合，可将更多的尿素挤压到生物炭孔隙中，利于充分发挥生物炭的缓释性能，提高氮肥的利用效率，减少了氮肥随时造成的严重的水体污染。

### 9.3.3 微观方面

在微观分析中，横轴表示发明专利的申请年，纵轴表示发明专利的技术影响力，气泡的颜色体现发明专利的分类，其中红色表示"水专项"，黑色表示国内，而蓝色表示国际；气泡的面积与发明在领域的影响力（技术发明的领域影响力）成正比。

（1）农业面源

在此技术领域，如图9-8所示，"水专项"方面处于技术领先阶段的是中国农业科学院农业环境与可持续发展研究所张丽、黄亚丽、朱昌雄等人合作申请的"地衣芽孢杆菌在秸秆降解中的应用、包含该菌的微生物菌剂及其应用"（CN107502572A）。该发明涉及地衣芽孢杆菌在秸秆降解中的应用、包含该菌的微生物菌剂及其应用，该技术能够高效降解秸秆，克服深秋低温情况下秸秆腐熟慢的问题。该项发明专利自2017年申请后，就被引5次。

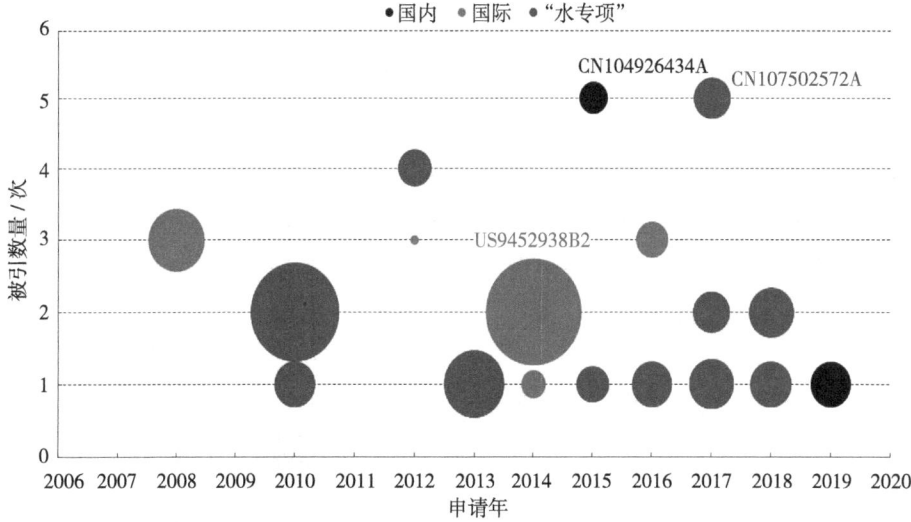

图9-8 "农业面源"微观分析（见书末彩插）

国内方面处于技术领先阶段的是安徽省日日春农业开发有限公司张幼学、肖超、蔡昌俊申请的"一种改善蓝莓品质的包膜肥料及其制备方法"（CN104926434A）。该发明公开的一种改善蓝莓品质的包膜肥料，具有松土保水、改善土壤团粒结构、提高肥料利用率、增产的作用。自2015年申请后，该发明被引5次，同时其领域影响力较大，为3.22。

国际方面处于技术领先阶段的是加拿大农业环境研究与发展研究所申请的发明"一种用于生物肥料生产的方法和系统"（US8124401B2），其自2008年申请后，获得了3次引用；德国的瑞曼迪斯（REMONDIS）公司申请的发明"在污水处理厂将污泥中的磷酸铝转化为磷酸钙的方法"（DE102012015065B3），其自2012年申请后，获得了3次引用；德国Maier Werner Dr.，Korntal–Münchingen申请的发明"含磷污泥的处理方法"（DE102016112300A1），其自2016年申请后，获得了3次引用。

（2）吸附处理

在第二个技术领域"吸附处理"方面，如图9-9所示，"水专项"处于领跑阶段的是源自山东太阳纸业股份有限公司、山东太阳宏河纸业有限公司和兖州天章纸业有限公司乔军等人申请的"一种含高得率浆卫生纸的制备方法"（CN105951494A）。该技术涉及一种含高得率浆卫生纸的制备方法，以针叶木化学浆、阔叶木化学浆和高得率浆为原料，采用压溃式打浆工艺对高得率浆进行预处理，以促进高得率浆纤维的破溃，提高其纤维柔软度，再辅以半纤维素增强剂将3种浆料按比例造成湿纸页，然后经过干燥、起皱、卷取等步骤生产卫生纸，使用该技术生产出的卫生纸在强度、吸收性、柔软度等方面具有较好的性能。该项技术发明自2016年申请后，就获得6次引用，且其领域影响力为5.88。

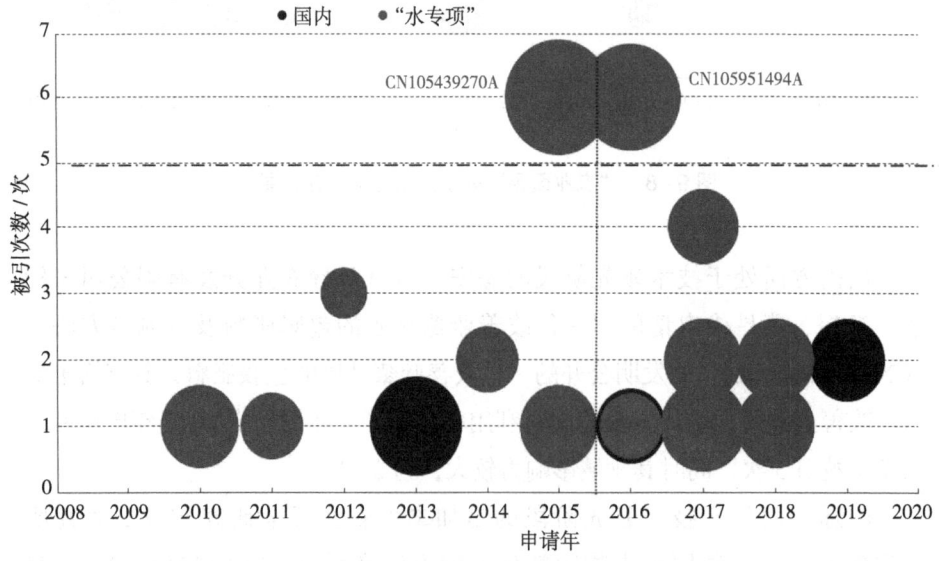

图9-9 "吸附处理"微观分析（见书末彩插）

另外一件具有较高影响力的"水专项"发明是源自浙江大学的施积炎、方晓敏、黄皓旻等人申请的发明"一种辣木植物絮凝剂颗粒及其制备方法和用途"（CN105439270A）。该技术公开了一种辣木植物絮凝剂颗粒及其制备方法和用途。该技术对水体中的颗粒物具有很好的絮凝效果，可提高水体透明度。该项技术发明自2015年申请后，获得6次引用，其领域影响力为6.33。

（3）生物处理

在"生物处理"子领域，国际方面具有较高影响力的是源自美国生物电磁公司（BIOELECTROMAGNETICS INC.）的 Gorski Stephen H 和 Schlager Kenneth J 合作申请的"电磁废水消毒设备"（US6780306B2）。该发明公布了一种对被细菌与其他微生物污染的水和废水进行消毒的方法和装置。该项发明自2002年申请后，获得了54次引用，其领域影响力为18.31。

在"水专项"方面，处于技术领跑位置的是东北师范大学的何春光、王忠强、王天弛、边红枫、盛连喜和杨海军申请的"一种河（湖）底泥就地处理的方法"（CN103669282A）。该技术涉及一种河（湖）底泥就地处理构建生态护岸的生态工程技术，具体是将城市区域河（湖）底泥与颗粒组分物填充生态袋，用于在水泥硬质化河湖岸边构建生态堤，在生态袋与原岸带间填充底泥和其他组分的混合物，然后种植灌丛和苔草等高净化能力植物，构建底泥就地处理系统。该项技术发明获得12次引用，其领域影响力为6.77（图9-10）。

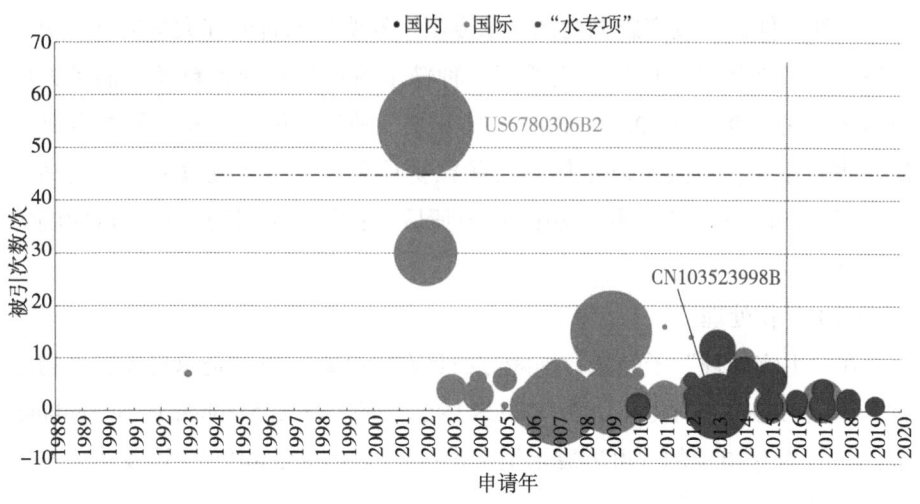

图 9-10 "生物处理"微观分析（见书末彩插）

（4）电解处理

在电解处理方面，国际方面处于技术领先的是 Ota Tomihisa 和 Iwata Koichi 合作申请的"含环境释放放射性物质吸收剂的基材其制造方法"（JP2015028473A）。该发明提供一种基材，其中含有一种吸收剂，可以减少人类生活环境中存在的放射性物质。该项发明自 2014 年申请后，获得 15 次引用，其领域影响力为 1.44。

国内处于技术领先地位的是来自北京惠博普能源技术有限责任公司和北京奥普图控制技术有限公司的金喆、谢合成、李乐楠和张若杰合作申请的技术发明"一种含油污泥处理工艺及装置"（CN106116067A）。该项技术公开了一种含油污泥处理工艺和一种含油污泥处理装置，包括上料装置、预处理装置、氧化反应器、脱水装置和废液缓存罐。该技术发明自 2016 年申请后，就获得了 5 次引用，其领域影响力为 3.66。

"水专项"方面处于领先地位的是源自浙江大学的施积炎、方晓敏、黄皓旻等人申请的发明"一种辣木植物絮凝剂颗粒及其制备方法和用途"（CN105439270A）。该发明公开了一种辣木植物絮凝剂颗粒及其制备方法和用途。该项发明同时也出现在"吸附处理"技术领域，其自 2015 年申请后，获得 6 次引用，其领域影响力为 6.33（图 9-11）。

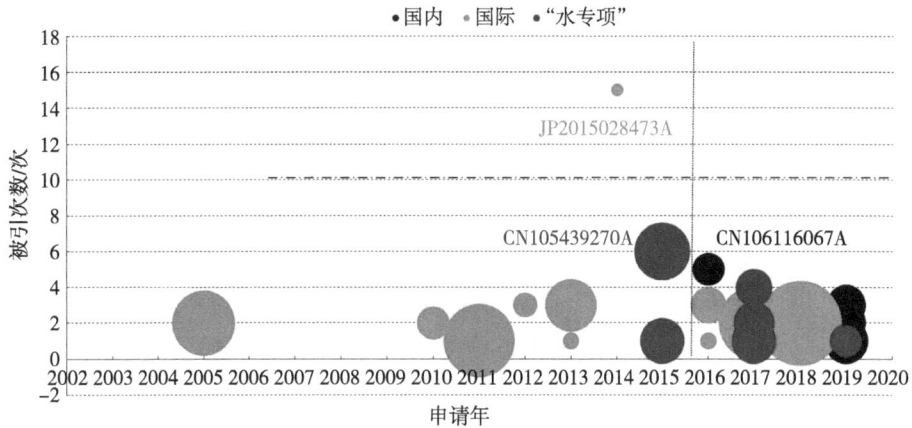

图 9-11 "电解处理"微观分析（见书末彩插）

（5）水净化仪器、装备

该技术领域主要来自"水专项"发明专利形成的分类。其中，处于领先地位的是来自南开大学的南琼、唐景春、彭中亚、黄华和黄耀申请的发明"一种快速高效同时检测土壤、污泥中 11 种抗生素含量的方法"（CN106468691A）。该项发明提供了一种同时检测土壤中 11 种抗生素的方法，主要包括土壤中抗生素的提取、抗生素的萃取与富集、抗生素检测 3 个部分。该发明自 2016 年申请以来，已经获得了 7 次引用，其领域影响力为 6.77。

此外，清华大学周律和郭世良申请的"棉针织物生物酶冷轧堆短流程平幅连续练漂染生产工艺"（CN103952918A）的领域影响力也较高。该发明属于纺织工业中的棉针织物印染技术领域，具体涉及一种棉针织物生物酶冷轧堆短流程平幅连续练漂染生产工艺。该技术发明自 2014 年申请以来，已经获得了 7 次引用，其领域影响力为 6.33（图 9-12）。

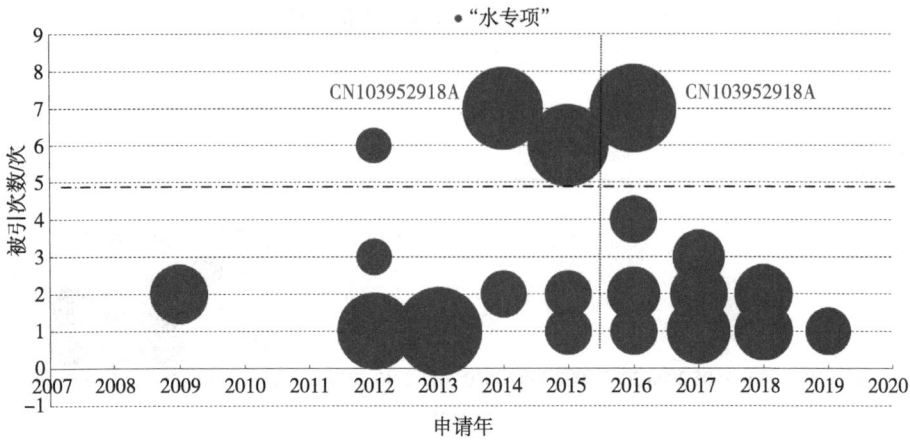

图 9-12 "水净化仪器、装备"微观分析（见书末彩插）

（6）催化、氧化

该子技术领域，主要是由国内和"水专项"方面的发明专利形成的。其中，国内处于技术领先地位的是来自东北大学的梁宝瑞、朱彤、王有昭、张阔、常铭东和仇晓亮申请的"一种反硝化脱氮材料的制备方法"（CN109592797A）。该项发明涉及一种反硝化脱氮材料及其制备方法。该发明自 2019 年申请以来，已经获得了 3 次引用，其领域影响力为 4.55。

"水专项"发明处于技术领先地位的是清华大学的周律和郭世良申请的"棉针织物生物酶冷轧堆短流程平幅连续练漂染生产工艺"（CN103952918A）。该发明属于纺织工业中的棉针织物印染技术，同时也出现在"水净化仪器、装备"子技术领域。该发明自 2014 年申请以来，已经获得了 7 次引用，其领域影响力为 6.33（图 9-13）。

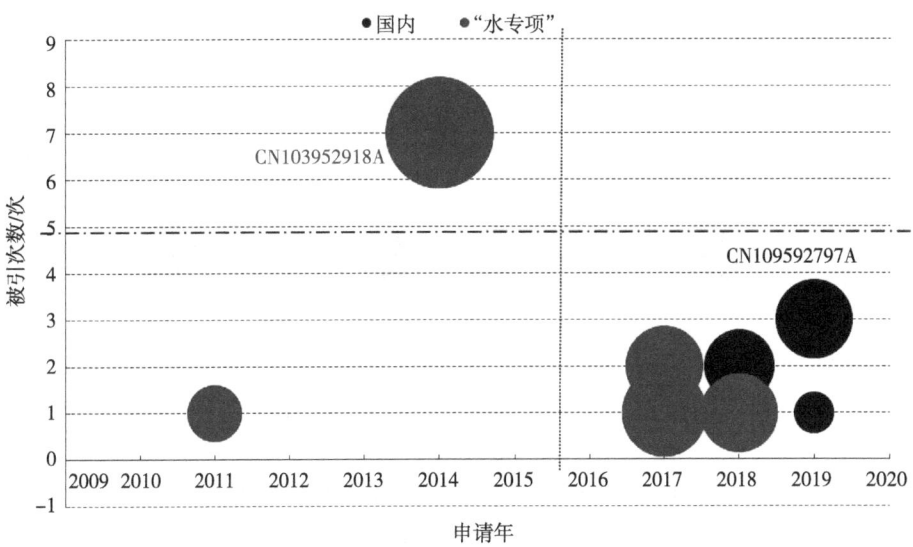

图9-13 "催化、氧化"微观分析(见书末彩插)

（7）供排水管网

该技术领域主要来自国内的发明和"水专项"的发明。其中，浙江的邱希阳和俞宁娜申请的"高架桥绿化带雨水收集及自动灌溉系统"（CN109937747A）在国内申请发明中具有较高领域影响力。该发明提供了一种高架桥绿化带雨水收集及自动灌溉系统，属于自动灌溉技术领域。该发明自2019年申请以来，已经获得了2次引用，其领域影响力为4.55。

在"水专项"方面，同济大学的徐祖信、金伟、徐晋和李怀正合作申请的"一种增设多孔透水隔离墙的截留式排水泵站截污优化系统"（CN106836441A）也有较高的领域影响力。该技术涉及一种增设多孔透水隔离墙的截留式排水泵站截污优化系统。与现有技术相比，该技术发明系统适用于已建成的合流制排水泵站、有混接的分流制排水系统雨水泵站的高效率截污改造。该项发明自2017年申请以来，已经获得了4次引用，其领域影响力为5.88（图9-14）。

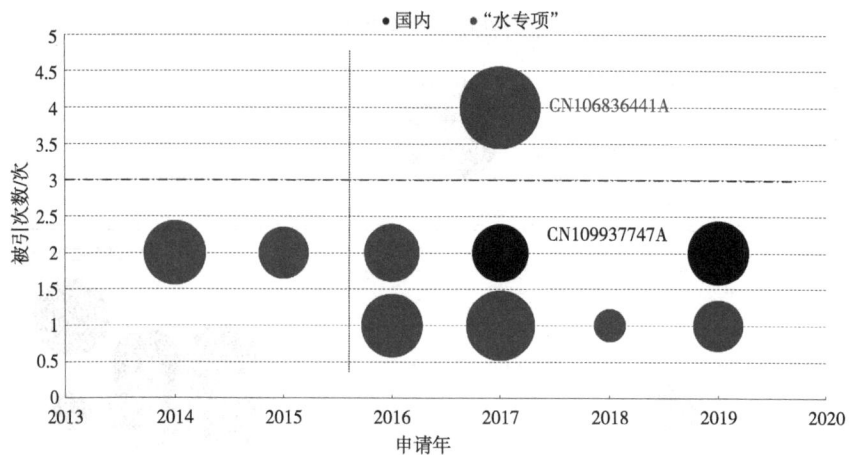

图 9-14 "供排水管网"微观分析（见书末彩插）

（8）微观方面综合比较

在对每个子技术领域分析的基础上，进一步筛选每个子技术领域中国际、国内和"水专项"方面的发明专利，之后提取每个子技术领域中国际、国内和"水专项"方面领域影响力值最大的发明专利，并将其对标到以横轴为专利申请年，纵轴为子技术领域的名称，节点大小表征领域影响力值的模型图中，进而绘制微观技术领域综合分析图（图 9-15）。

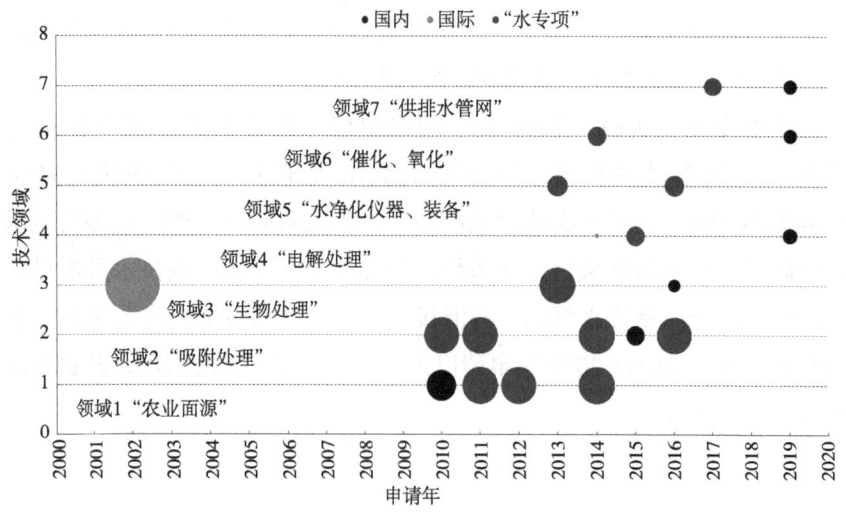

图 9-15 微观方面综合比较（见书末彩插）

从图 9-15 不难发现，国际方面的发明专利主要分布在技术领域 1 "农业面源"、技术领域 3 "生物处理"和技术领域 4 "电解处理"；国内方面的发明专利则主要分布在技术领域 1 "农业面源"、技术领域 2 "吸附处理"、技术领域 3 "生物处理"、技术领域 4 "电解处理"、技术领域 6 "催化、氧化"和技术领域 7 "供排水管网"；"水专项"方面则完全覆盖 7 个技术领域，涵盖了技术领域 1 "农业面源"、技术领域 2 "吸附处理"、技术领域 3 "生物处理"、技术领域 4 "电解处理"、技术领域 5 "水净化仪器、装备"、技术领域 6 "催化、氧化"和技术领域 7 "供排水管网"。

1) 技术领域 1 "农业面源"

在技术领域 1 "农业面源"方面，"水专项"有 3 项发明专利的领域影响力最大，都是 12.1。

其一：厦门加晟生物科技有限公司的方金镇、郑志红和方加强申请的"一种金线莲的组培繁殖方法"（CN102907327B），该发明提供能够快速促进金线莲茎段的快速繁殖并生长的一种金线莲的组培繁殖方法。该项发明在 2012 年开始申请，并在 2013 年获得授权，之后在 2018 年 9 月 7 日对专利权质押，将专利权抵押到厦门农村商业银行股份有限公司思明支行。2020 年 1 月 16 日，由厦门加晟生物科技有限公司向厦门农村商业银行股份有限公司思明支行申请解除专利权质押合同。

其二：华南师范大学的蓝冰燕、李来胜、王欣馨和舒月红申请的"控释型高铁酸钾复合体及其制备和应用"（CN103896389B）。该控释型高铁酸钾复合体异于传统一次性作用的氧化剂，在水中释放速度可调控，速率较均匀，维持时间长，储存稳定性好，在原位修复被污染的地下水方面具有广阔的应用前景。该项发明自 2014 年申请后，在 2016 年获得授权。

其三：中国科学院亚热带农业生态研究所的朱奇宏、黄道友、朱昌宇等人申请的"一种含腐植酸矿物的土壤重金属复合钝化剂及制备方法"（CN102220136B）。该技术在 45%WHC 水分条件下的效果优于淹水条件下的效果，兼具钝化土壤重金属、培肥土壤等多种功能，在广大重金属污染地区具有巨大的推广应用价值。该发明自 2011 年申请后，在 2013 年获得授权，并在 2015 年将专利权交易到湖南隆平高科耕地修复技术有限公司。

在该技术领域，国际发明 Orentlicher Morton 在 2014 年申请的专利（US9452938B2）具有最高的技术影响力，其值为 10.77。在国内发明中，聊城金太阳生物化工有限公司在 2010 年申请的专利（CN102010108B）具有最高的技术影响力，其值为 10.32。

2）技术领域 2 "吸附处理"

在技术领域 2 "吸附处理"方面，"水专项"方面的发明专利有 4 项领域影响力最大，都是 12.1，包括在技术领域 1 "农业面源"中华南师范大学的蓝冰燕、李来胜、王欣馨和舒月红申请的"控释型高铁酸钾复合体及其制备和应用"（CN103896389B），以及在技术领域 1 "农业面源"中中国科学院亚热带农业生态研究所的朱奇宏、黄道友、朱昌宇等人申请的"一种含腐植酸矿物的土壤重金属复合钝化剂及制备方法"（CN102220136B）。此外，还包括其余 2 项发明专利。

其一：江苏省环境科学研究院、杭州水处理技术研究开发中心有限公司、杭州回水科技有限公司和石河子经济技术开发区管理委员会的陆继来、褚红、周海云、邹敏、王万寿等人共同申请的"一种印染企业高含盐染色废水零排放的方法"（CN101955282B）。该技术发明公开了一种印染企业高含盐染色废水零排放的方法。该发明 2010 年申请，在 2012 年获得授权。

其二：中国科学技术大学的盛国平和张楠合作申请的"一种氧化纳米纤维素吸附材料及其制备方法"（CN105498733B）。该项技术增加了纤维素的比表面积，提高了重金属污染物与吸附剂的可接触性，又使得材料表面具有大量的吸附功能基团，可通过络合作用和静电作用将重金属离子从污水体系中聚集到吸附剂表面。该发明 2016 年申请，在 2018 年获得授权。

在该技术领域，国内发明中浙江瀚邦环保科技有限公司在 2015 年申请的"河道重金属污水的絮凝净化剂及其制备方法和使用方法"（CN105253979B），具有最高的领域影响力，为 6.33。

3）技术领域 3 "生物处理"

在该技术领域 3 "生物处理"方面，国际方面美国生物电磁公司（BIOELECTROMAGNETICS INC.）的 Gorski Stephen H 和 Schlager Kenneth J 合作申请的"电磁废水消毒设备"（US6780306B2），具有最高的领域影响力，其值为18.31。

在"水专项"方面，江苏江达生态科技有限公司吕志刚、许盛凯、漆志飞等人申请的"一种控制外来污染源及生态修复黑臭河道的净化方法"（CN103523998B），具有较高的领域影响力，其值为12.1。在国内，湖北亦胜环保生物技术有限公司的程建银和王洪义合作申请的"一种含油污泥无害化生物综合处理方法"（CN106565066A），具有较高的技术影响力，其值为4.11。

4）技术领域4"电解处理"

在技术领域4"电解处理"方面，参与"水专项"的浙江大学的施积炎、方晓敏、黄皓旻等人申请的"一种辣木植物絮凝剂颗粒及其制备方法和用途"（CN105439270A），具有最高的领域影响力，其值为6.33。

在国内发明中，金华市广和古建筑技术研发有限公司的洪利斌、朱耘青等人申请的"一种用于建筑工地的车辆清洗系统及方法"（CN110395218A），其领域影响力值为5。在国际发明中，Ota Tomihisa 和 Iwata Koichi 合作申请的"含环境释放放射性物质吸收剂的基材其制造方法"（JP2015028473A）具有较高的领域影响力，其值为1.44。

5）技术领域5"水净化仪器、装备"

该技术领域主要是由"水专项"的发明专利形成的，其中南开大学的南琼、唐景春、彭中亚、黄华和黄耀申请的"一种快速高效同时检测土壤、污泥中11种抗生素含量的方法"（CN106468691A），具有最高的领域影响力，其值为6.77。

此外，南京理工大学的孙秀云、陈灿、王连军、沈锦优、李健生等人申请的"一种生物表面活性剂促进剩余污泥厌氧发酵产酸的方法"（CN103276023B）领域影响力值最高，也是6.77。该发明以污水处理厂二沉池污泥为原料，在投加生物表面活性剂烷基多苷的条件下，进行厌氧发酵，实现了一种利用生物表面活性剂烷基多苷促进污泥水解产酸的方法。该方法为生物表面活性剂在污泥水解产酸中的实际应用和短链脂肪酸的回用起到很好的借鉴与参考价值。

6）技术领域6"催化、氧化"

该技术领域主要由国内发明专利和"水专项"的发明专利共同形成。其中，"水专项"方面清华大学的周律和郭世良申请的"棉针织物生物酶冷轧堆短流程平幅连续练漂染生产工艺"（CN103952918A），具有最高的领域影响力，其值为6.33。

之后，国内方面东北大学的梁宝瑞、朱彤、王有昭、张阔、常铭东和仇晓亮申请的"一种反硝化脱氮材料的制备方法"（CN109592797A），自2019年申请以来，已经获得了3次引用，其领域影响力值为4.55。

7）技术领域7"供排水管网"

该技术领域也主要由国内发明专利和"水专项"的发明专利共同形成。其中，"水专项"中同济大学的徐祖信、金伟、徐晋和李怀正合作申请的"一种增设多孔透水隔离墙的截留式排水泵站截污优化系统"（CN106836441A），自2017年申请以来，已经获得了4次引用，其领域影响力最高，为5.88。

其次，国内浙江建设职业技术学院的邱希阳和俞宁娜申请的"高架桥绿化带雨水收集及自动灌溉系统"（CN109937747A）领域影响力较高，为4.55。该发明设计了一种自动灌溉系统，相比于现有高架桥绿化带灌溉技术，分水器能够控制进入多级沉淀池式雨水净化装置的水量，在持续降雨和雨水水质较差时多级沉淀池式雨水净化装置的开放式结构不容易发生管道堵塞问题，并且能够持续更新蓄水池里面的水，保证储水池里面储水的水质，不但能实现对桥上绿化带和桥下绿化带分别进行灌溉，还可以对二者同时进行灌溉的功能。

## 9.4 研究结论

本部分通过"水专项"的专利产出，设计了相关的专利检索式。之后，基于科睿唯安的德温特创新平台，采集了相关的全球技术发明，并按照第一专利权人所属类型，将其划分为3个数据集：数据集1（简称水专项）、数据集2（简称国内）和数据集3（简称国际）。在此基础上，进一步筛选3个数据集中的有效发明，并以采集到的数据集1代表该项目的技术水平，以数据集2表征国内技术水平，最后以数据集3体现国际技术水平。

在确定了数据集的基础上，结合我国科研评价的现状，以及我国科研评价的目标和导向，从对标计量分析法视角，搭建产出指标、效果指标和影响指标三维评价框架，进行专利绩效计量评价分析。在产出指标方面，主要采用项目专利产出数、项目有效发明专利数、项目专利产出模式、项目有效发明权利归属等；在效果指标方面，具体采用整体效果分析、年度变化情况、Top 10% 高被引专利分析、技术影响力指数等；在影响指标方面，具体从宏观、中观和微观 3 个层面进行了对标比较。

综合而言，通过对"水专项"的对标计量分析，可以得出如下结论。

① 目前"水专项"已经由"十二五"时期的"重数量"转到"十三五"时期的"重质量"增长，其中"十一五"时期"水专项"的影响力指数为 0.88（3.03%/3.46%），"十二五"时期为 3.05（21.03%/6.9%），"十三五"时期为 2.56（7.26%/2.84%）。

② 经历了 15 年的发展，在水体污染控制与治理科技领域，国内外的研究发生了明显的反转。在"十一五"时期，国际贡献了九成以上的 Top 1% 高被引专利，之后在"十二五"时期，国际和国内平分秋色，各自贡献了一半的 Top 1% 高被引专利；在"十三五"时期，则是由国内贡献了接近 90% 的 Top 1% 高被引专利（7.26%+79.44%=86.70%）。

③ 目前，相关技术发明覆盖 7 个技术领域，具体是技术领域 1"农业面源"、技术领域 2"吸附处理"、技术领域 3"生物处理"、技术领域 4"电解处理"、技术领域 5"水净化仪器、装备"、技术领域 6"催化、氧化"和技术领域 7"供排水管网"。其中，国际方面的发明专利主要分布在技术领域 1"农业面源"、技术领域 3"生物处理"和技术领域 4"电解处理"；国内方面的发明专利则主要分布在技术领域 1"农业面源"、技术领域 2"吸附处理"、技术领域 3"生物处理"、技术领域 4"电解处理"、技术领域 6"催化、氧化"和技术领域 7"供排水管网"。"水专项"方面则完全覆盖了这 7 个技术领域。

④ 技术领域 5"水净化仪器、装备"主要是由"水专项"的技术发明形成的。南开大学的发明"一种快速高效同时检测土壤、污泥中 11 种抗生素含量的方法"（CN106468691A）和南京理工大学的"一种生物表面活性剂促进剩余污泥厌氧发酵产酸的方法"（CN103276023B）具有最高的领域影响力。

⑤ 国际方面的技术发明，在生物处理方面，美国生物电磁公司（BIOEL-ECTROMAGNETICS INC.）的 Gorski Stephen H 和 Schlager Kenneth J 合作申请的"电磁废水消毒设备"（US6780306B2）具有最高的技术影响力和领域影响力。在电解处理方面，Ota Tomihisa 和 Iwata Koichi 合作申请的"含环境释放放射性物质吸收剂的基材其制造方法"（JP2015028473A）具有较高的技术影响力。

⑥ 国内方面的技术发明，在技术领域1"农业面源"具有最高的技术影响力，主要来自安徽省日日春农业开发有限公司的"一种改善蓝莓品质的包膜肥料及其制备方法"（CN104926434A）。

⑦ "水专项"方面的技术发明，在技术领域1"农业面源"、技术领域2"吸附处理"、技术领域6"催化、氧化"和技术领域7"供排水管网"具有最高的技术影响力；在技术领域1"农业面源"、技术领域2"吸附处理"、技术领域4"电解处理"、技术领域6"催化、氧化"和技术领域7"供排水管网"具有最高的领域影响力。

综合而言，经过多年的技术积累和技术升级，"水专项"的技术影响力得到显著提升，到了"十二五"时期和"十三五"时期，已经远超国际和国内的技术影响力指数。

# 第四部分

# 项目后评估研究的再思考和未来建议

不同类型国家级项目的定位有较大差异,这样对于项目的科研产出成果就会有很大不同。本书第二部分是以原某973计划项目为例进行的实证研究,考虑到973计划的定位是解决国家战略需求中的重大科学问题,以及对人类认识世界将会起到重要作用的科学前沿问题,所以就采用973计划主要的科研产出学术论文进行对标计量分析,而未对其科研产出成果中专利、著作等进行对标计量分析。同理,本书第三部分是以"水专项"项目为例进行的实证研究,就是考虑到"水专项"是根据《国家中长期科学和技术发展规划纲要(2006—2020年)》设立的16个重大科技专项之一,定位为实现中国经济社会又好又快发展,调整经济结构,转变经济增长方式,缓解我国能源、资源和环境的瓶颈制约,所以就采用"技术发明"这种"科技专项"主要的科研产出成果进行对标计量分析。

在上面的实际研究中，笔者进一步发现对标计量分析不仅要考虑到"标"的系统性、整体性，同时也要兼顾到项目产出成果之间的关联性，这一点在"水专项"的实证分析中，以及多次与同行交流中得到了验证。

为此，我们结合"基础科学—技术科学—工程技术"现代科学技术体系，尝试以论文作为基础科学的表征，以专利作为技术科学的体现，以标准作为工程技术的代表，打通论文、专利和标准，从创新链和产业链互动的角度再次思考项目执行的效果。

# 10 "水专项"中某大学围绕创新链布局产业链型案例分析

针对制约我国经济社会发展的重大水污染科技瓶颈问题,"水专项"课题组深入分析我国废水治理方面的研究现状,明确基础科学方面的优势和工程技术及技术产业化的劣势,确定加强产学研合作,促进基础研究成果向技术科学的快速转移,以及将技术科学成果进一步融入工程实践,引导产品快速进入产业,实现产业更新升级。

## 10.1 "水专项"的产学研转化效率较高

专利的申请人是专利权益的享有者,一般包括高校、研究院所、企业、个人等。在专利的合作申请人方面,若同时包括企业和高校,或者企业和研究院所,抑或者企业、高校、研究院所三者,则意味这项专利技术更易走向市场,更易生产产品,产生价值(表 10-1)。

表 10-1 专利的产学研情况分析

| 序号 | 分类 | 专利数/项 | 产学研专利/项 | 占比 |
| --- | --- | --- | --- | --- |
| 1 | "水专项" | 3011 | 167 | 5.55% |
| 2 | 国内 | 55 784 | 2667 | 4.78% |
| 3 | 国际 | 20 697 | 353 | 1.71% |

相对而言,"水专项"的技术专利在产学研的合作方面比例更高,超过国内的占比 4.78%,更超过国际的占比 1.71%。

其中，在"水专项"的专利中，七大技术领域中产学研合作比例最高的是水净化仪器、装备，其占比为15.06%。

## 10.2 高效的"学研产"创新链——以南京大学为例

本章进一步采集"水专项"中南京大学相关的学术论文、技术发明和行业标准。其中，学术论文来源于 Web of Science 数据库，以项目号和机构进行检索；技术发明来源于以南京大学作为专利权人申请的所有技术发明，包括有效发明、无效发明和其他发明（状态待定）；行业标准来源于全国标准信息公共服务平台，并以标准的起草单位"南京大学"和主题"水"进行精炼。

最终获得南京大学的 599 篇学术论文、649 项技术发明和 15 项行业标准。在此基础上，进一步从学术论文、技术发明和行业标准对应的标题中抽取特征词，进行内容分析，确定南京大学的创新链图谱；之后，从学术论文、技术发明和行业标准对应的单位中抽取机构，进行机构分析，挖掘南京大学的创新链中主题对应的隶属关系，即产业链图谱。

### 10.2.1 南京大学的创新链图谱

在图 10-1 中，节点体现的是研究内容，连线体现的是研究内容之间的联系。白色表征的内容来自学术论文；橘色表征的内容来自技术发明；红色表征的内容来自行业标准。

10 "水专项"中某大学围绕创新链布局产业链型案例分析 | 135

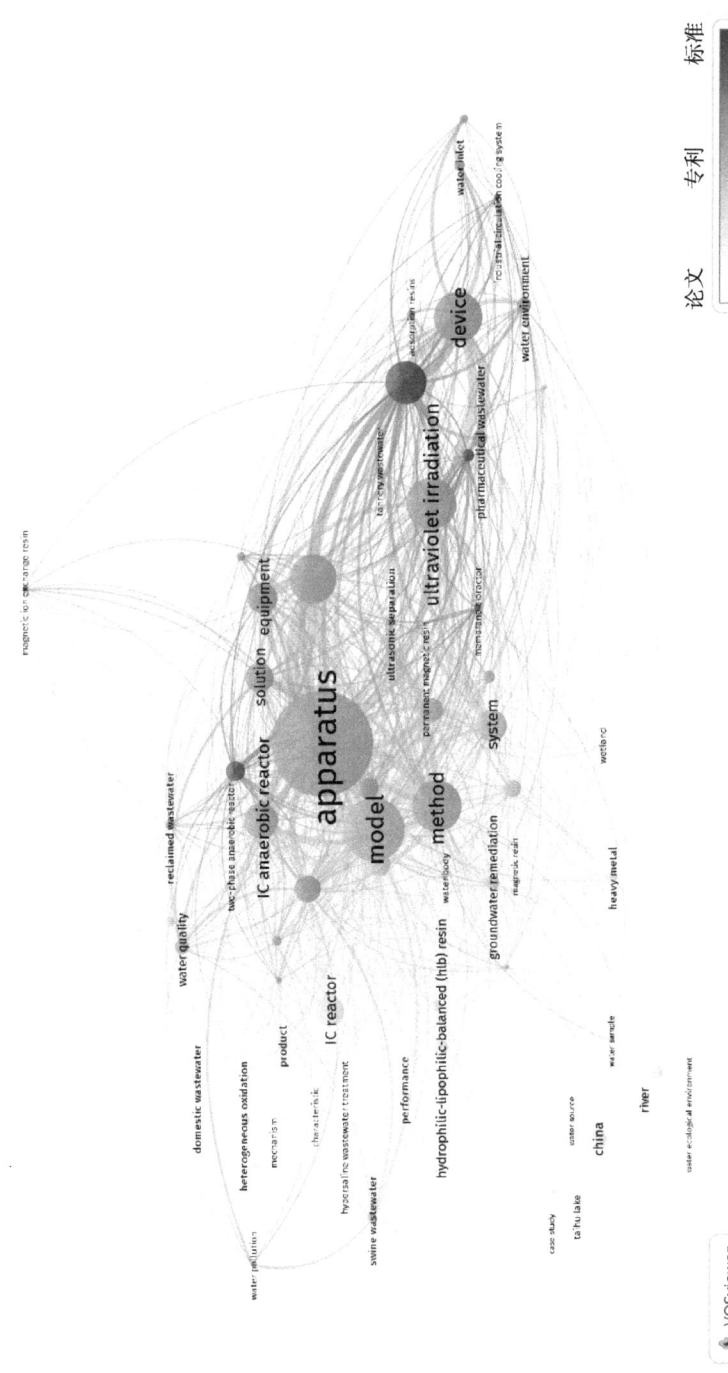

图10-1 南京大学的创新链图谱(见书末彩插)

(1) 创新链中的基础科学研究

在学术论文中，南京大学主要关注的是基础理论、水生态环境、中国水环境、太湖、机制、特征等问题，具体研究的对象包括亲水亲脂平衡树脂 [hydrophilic-lipophilic-balanced（hlb）resin] 等（图10-2）。

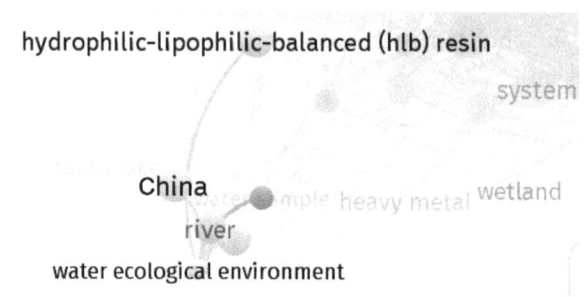

图 10-2　南京大学创新链中独有的基础科学内容（见书末彩插）

(2) 创新链中的技术科学研究

在技术专利中，南京大学主要关注的是分析模型、研究方法、装置、芬顿氧化技术等技术问题，具体研究的技术对象包括磁性树脂（magnetic resin）、IC反应器（IC reactor）、IC厌氧反应器（IC anaerobic reactor equipment）、离子交换树脂（ion exchange resin）、磁性离子交换树脂（magnetic ion exchange resin）等（图10-3）。

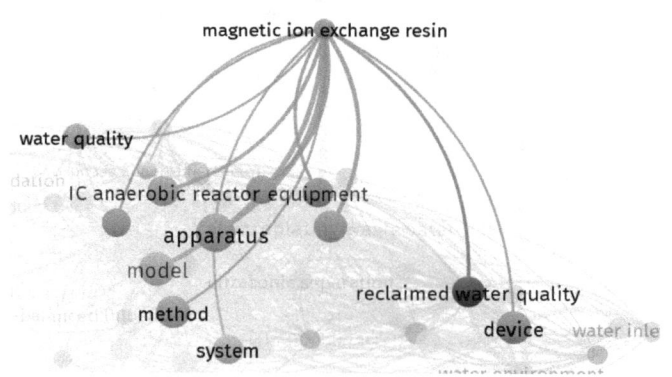

图 10-3　南京大学创新链中的独有的技术科学研究内容（见书末彩插）

如图10-4所示，南京大学在学术论文和技术发明中，对"水质"（water quality）、"养猪废水"（swine wastewater）、"地表水修复"（groundwater remediation）、"非均相氧化"（heterogeneous oxidation）、"工业废水"（industry wastewater）、"湿地"（wetland）等都有涉及，其中"养猪废水"在学术论文中的研究更多一些（图10-4b），而"工业废水"在技术发明中的研究更多一些。

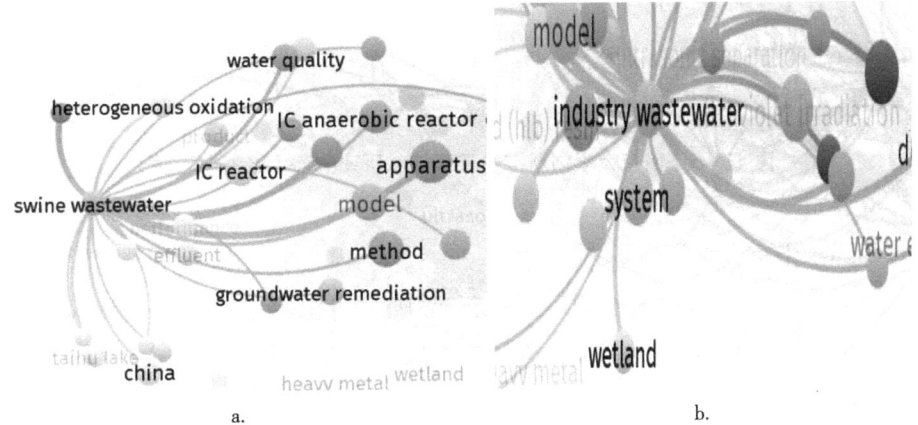

图10-4 南京大学创新链中"基础科学"和"技术科学"兼研的内容（见书末彩插）

（3）创新链中的工程技术研究

如图10-5所示，南京大学在"工业循环冷却水"（industrial circulation cooling system）、"脱氮生物滤池"（biological filter for nitrogen removal）、"废水处理系统"（wastewater treatment system）、"膜生物反应器"（membrane bioreactor）等方面，都申请了相关的国家行业标准。

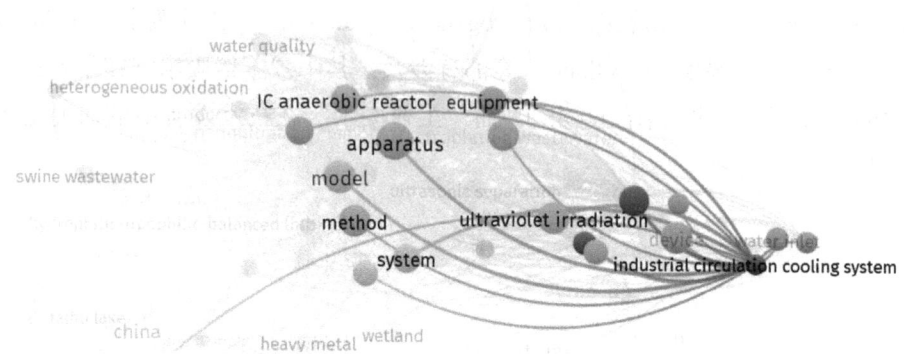

图 10-5　南京大学创新链中工程技术研究内容（见书末彩插）

（4）南京大学的创新链

在南京大学的技术发明和行业标准中，"再生水水质"（reclaimed water quality）属于典型的由基础科学到技术发明再拓展到工程技术的科研成果（图 10-6）。

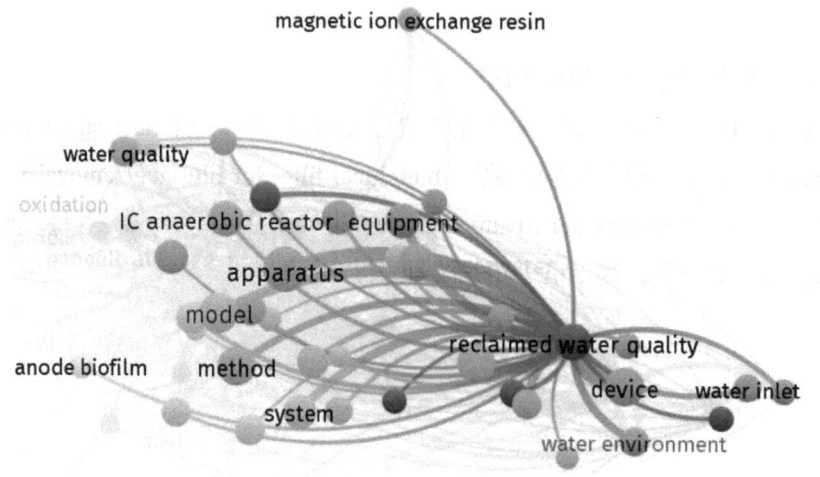

图 10-6　南京大学创新链中"技术科学"和"工程技术"兼研的内容（见书末彩插）

南京大学李爱民等人认为，三卤甲烷、卤乙酸、卤乙腈、三氯硝基甲烷及N-亚硝基二甲胺是再生水氯/氯胺消毒中主要的消毒副产物，具有较强的毒性和致癌性，严重威胁生态安全及人体健康。为此，研究了采用氧化法、混凝沉淀法、离子交换法及膜过滤等方法去除消毒副产物前驱物的方法和技术，重点分析了臭氧氧化法去除消毒副产物前驱物的影响因素[69]。

南京大学李爱民、双陈冬等人在2014年申请了名为"一种基于磁性树脂吸附耦合电吸附的再生水处理方法"（CN103922534B）的发明。该发明既能有效降低废水中的有机物、色度、总盐等的含量，且能使电吸附电极具有更长久的使用寿命，提供了一种高效经济的高质量再生水的制备方法；此外，南京大学谢显传、钱言等人在2012年以"利用蚯蚓回避试验检测再生水生物毒性的方法"（CN102735813A）申请了发明。该发明利用蚯蚓回避试验检测再生水对陆地土壤生物毒性的方法，具有操作简单、成本低廉、易于观测、实验周期短、反应灵敏度高、重现性好等优点，非常适用于再生水回用安全评价的毒性诊断与早期筛查。

基于相关的基础科学和技术发明，南京大学作为第一起草单位，联合北京海光仪器有限公司、广州特种承压设备检测研究院、南京大学宜兴环保研究院、江苏中宜金大分析检测有限公司、中检集团理化检测有限公司、江苏省常州环境监测中心、南京江岛环境科技研究院有限公司、东莞理工学院、浙江水知音环保科技有限公司、中海油天津化工研究设计院有限公司等，共同起草了《再生水水质 汞的测定 测汞仪法》（GB/T 37906—2019）、《再生水水质 硫化物和氰化物的测定 离子色谱法》（GB/T 37907—2019）、《再生水水质 苯系物的测定 气相色谱法》（GB/T 39298—2020）、《再生水水质 阴离子表面活性剂的测定 亚甲蓝分光光度法》（GB/T 39302—2020）、《再生水生物毒性检测的样品前处理通用技术规范》（GB/T 39304—2020）等，并由国家市场监督管理总局和国家标准化管理委员会发布了相关国家标准，指导行业发展。

### 10.2.2 南京大学的产业链图谱

所谓产业链，指的是国民经济各个产业部门之间客观形成的某种技术经济联系。由于这种联系往往像机械系统的链条一样耦合在一起，因此学者们把它们形象地说成产业链。一条产业链往往涵盖了产品或服务生产的全过程，从原材料生产开始，到技术研发、产品设计、中间品制造、终端产品装配乃至流通、消费和回收循环等许多环节。

在产业链图谱方面，本章采用论文数据中的作者机构、专利数据中的专利权人和标准数据中的起草单位分别表征产业链中各个环节的创新主体。

在图10-7的产业链图谱中，蓝色意味着源于学术论文（体现基础科学主体）；绿色意味着源于技术发明（体现技术科学主体）；红色意味着源于行业标准（体现工程技术主体）。

（1）产业链中的上游基础科学研究群

产业链已经形成了以"南京大学"为核心，包括北京大学、上海交通大学、东南大学、同济大学、北京科技大学、南开大学、南京理工大学、华南理工大学、江苏省环境科学研究院等基础科学研究群体，针对"原材料"发现、"关键技术"研发等水污染中的重点问题，为产业链的上游提供相关知识服务，并向中游进行知识转移。

服务产业需求主要的基础科学研究主题包括磁性树脂吸附机制[70]、废水水质评价方法[71]、吡啶基螯合树脂分离特性[72]、新型多胺类螯合树脂的设计方法[73]、溶解性有机物混凝去除特性研究[74]等。此外，服务产业需求主要的技术科学研究主题有氧化深度净化方法[75]、伯胺基螯合树脂制备方法[76]、表面印迹壳聚糖微球制备方法[77]、印染废水深度处理方法[78]、磁性丙烯酸系强碱阴离子交换微球树脂制备方法[79]等（图10-8）。

10 "水专项"中某大学围绕创新链布局产业链型案例分析 | 141

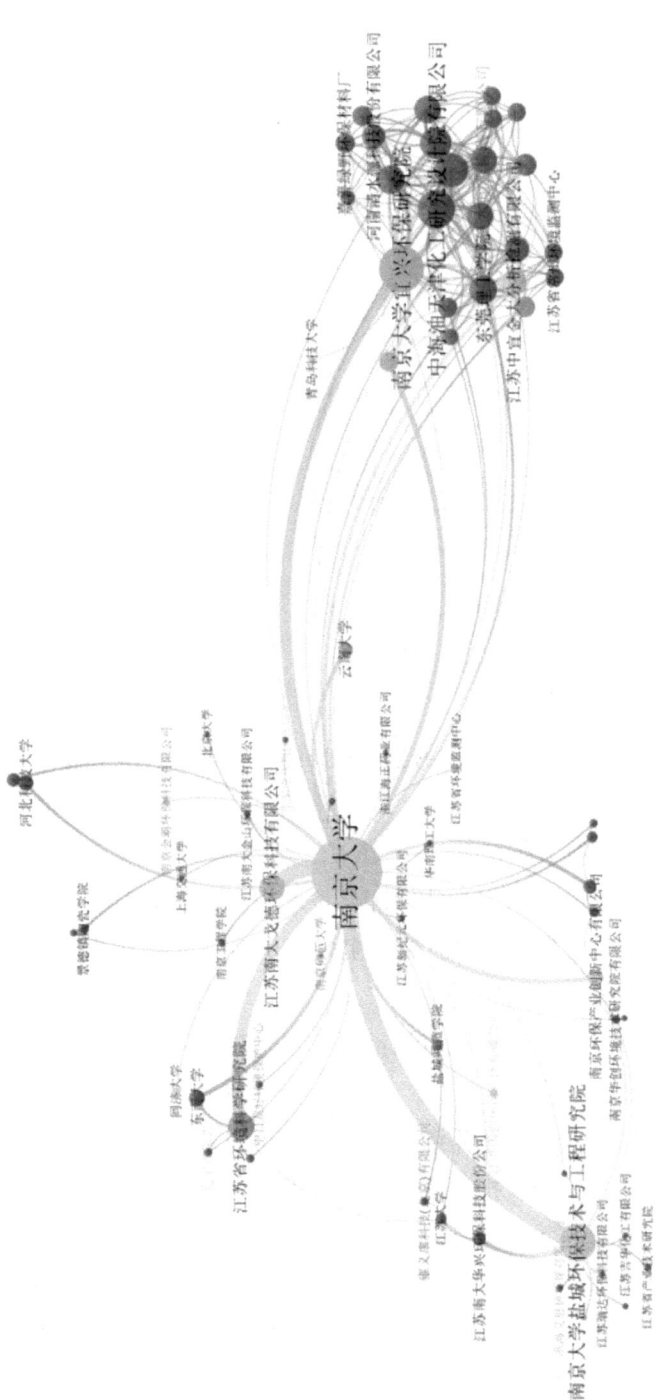

图10-7 南京大学的产业链图谱（见书末彩插）

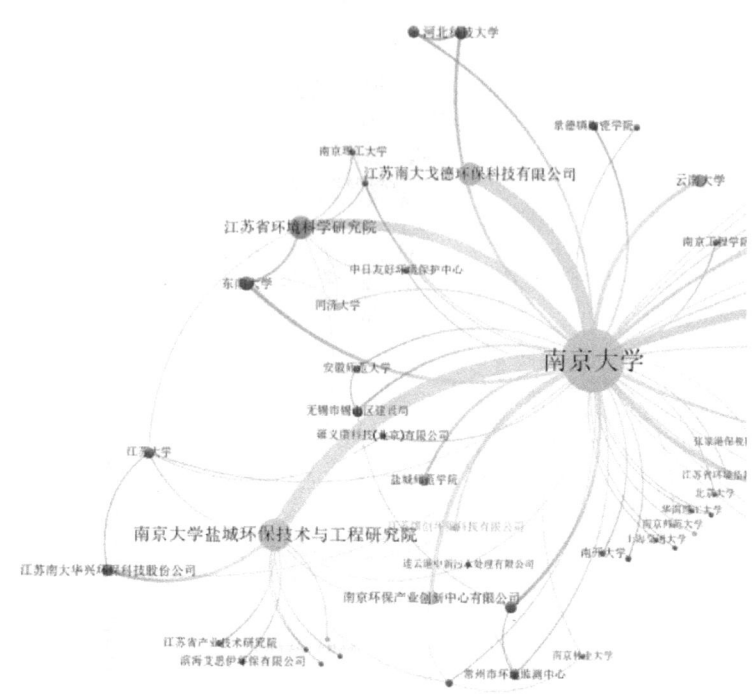

**图 10-8　南京大学的产业链中的独有的上游基础科学研究群（见书末彩插）**

（2）产业链中的中游技术研究群

南京大学分别设立了"南京大学盐城环保技术与工程研究院"和"南京大学宜兴环保研究院"，在苏北及淮河流域实施环保科技成果转化。其中，南京大学盐城环保技术与工程研究院偏向于从基础科学到技术科学之间的转化；而后者南京大学宜兴环保研究院更侧重于从技术科学到工程技术之间的转化（图10-9）。

南京大学盐城环保技术与工程研究院是2010年8月成立的，瞄准产业前沿，持续不断地开展研发工作，把"产学研用"紧密结合起来，积极承担国家和省的重大科研项目，将重大专项成果进行转化、转移、孵化、产业化，支撑苏北沿海及淮河流域经济的可持续发展，进而形成环保产业中保障饮用水安全的研究特色，同时还支撑南京大学环境学院环境科学和环境工程的学科发展，以及其工程型、复合型人才的培养。

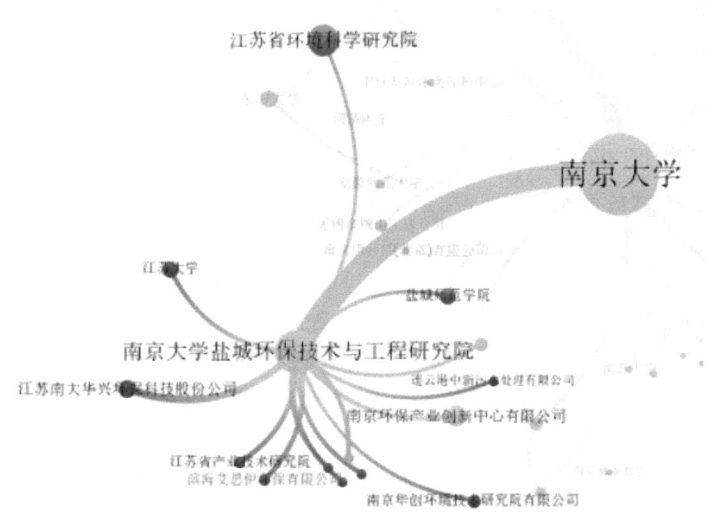

**图 10-9　南京大学产业链中游的"盐城环保技术与工程研究院"**（见书末彩插）

如图 10-9 所示,南京大学盐城环保技术与工程研究院在高校和企业方面,更多的是同高校进行合作研究。南京大学盐城环保技术与工程研究院主要侧重于水污染治理中基础科学向技术科学之间的转移和成果转化,倾向于中试研究[80]、阴离子交换树脂骨架结构研究[81]、废水预处理研究[82]、芬顿氧化技术研究[83]、废水工程处理效果研究[84]等。在技术发明方面,南京大学盐城环保技术与工程研究院倾向于水污染防治中原材料的制备方法和制备工艺研究,如复合功能树脂制备方法[85]、含腐殖酸液体肥料制备方法[86]、工业废盐精制提纯耦合工艺[87]、双膜式三相内循环曝气生物流化床处理废水方法、含甲醇碱性树脂脱附液的回收处理方法、高盐废水高级氧化方法、工业废盐资源化处理方法等。

南京大学宜兴环保研究院创建于 2006 年,坚持以服务区域环保产业高质量发展和国家生态文明建设重大需求为导向,搭建了具有"环境检测—技术创新—中试验证—工程示范—电商销售—标准引领"等全过程服务硬件研究设施和规范服务管理支撑体系。

如图10-10所示,南京大学宜兴环保研究院同高校、研究院所和企业都有合作,更侧重于同企业合作,倾向于在水环境技术与装备、水处理与水环境修复技术、水污染控制与资源化工程技术、水处理与水环境环保装备等方面开展"产研"深度合作,如高效废水处理装置[88]、污水深度脱氮装置[89]、移动床生物膜反应器[90]、自养/异养反硝化的一体化脱氮装置、生物电化学装置、测定硝化菌剂性能的装置等。

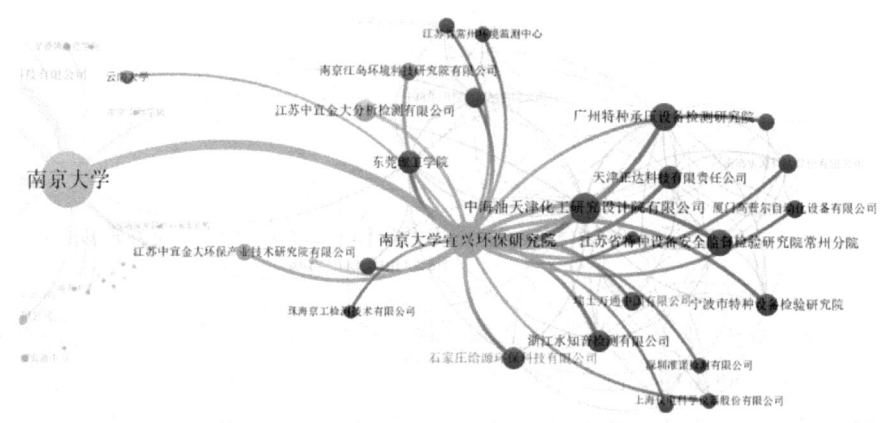

图10-10 南京大学产业链中游的"南京大学宜兴环保研究院"(见书末彩插)

(3)产业链中的下游工程装备研究群

南京大学在2018年创建了南京江岛环境科技研究院有限公司,围绕环境生态产业共性关键技术问题,开展水/土/气污染防治与生态修复等共性核心技术攻关、关键工艺试验研究、重大装备样机及其关键部件开发、技术标准与规范研制等。该公司致力于建设具备"环境生态产业创新资源聚集、共性关键产业技术研发、创新成果转移转化、新业态企业孵化"等功能的生态环境新型技术创新高端平台。

具体在技术装置方面,就快速富集苯酚高效降解菌群装置[91]、脱氮生物滤池通用技术规范[92]、再生水水质中汞的测定、废水处理系统微生物样品前处理通用技术规范[93]、再生水生物毒性检测的样品前处理通用技术规范[94]等方面开展了深度研究(图10-11)。

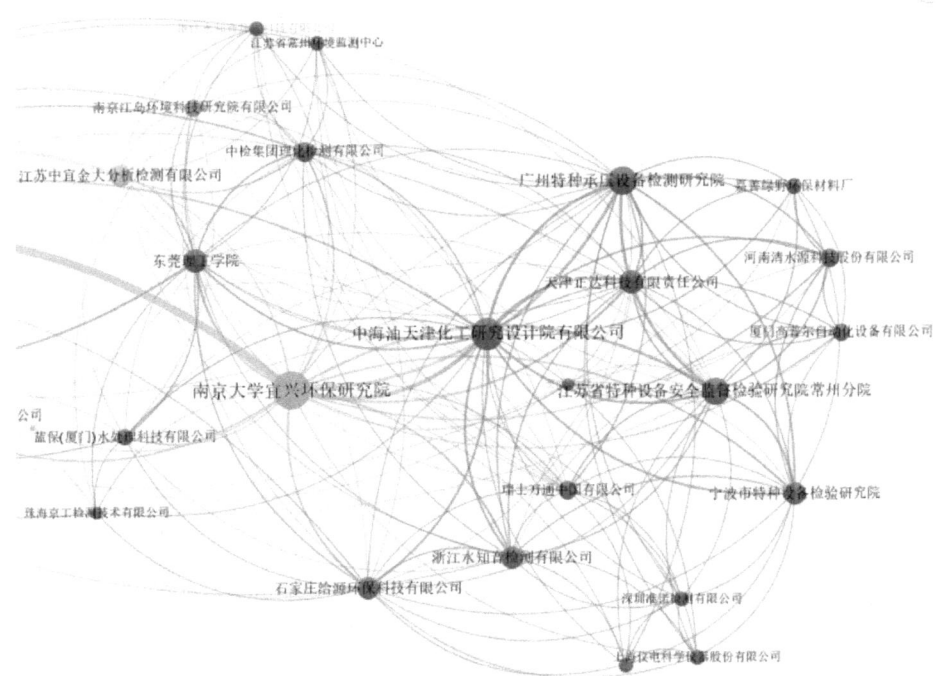

图 10-11 南京大学产业链下游的"南京江岛环境科技研究院有限公司"（见书末彩插）

南京大学环境系的"水专项"研发团队，围绕生态环境中水污染预防与治理中的科学问题、分析方法、关键技术、工艺试验、装备样机等进行分析，形成了完整的"学-研-产"创新链。

之后，该团队围绕创新链高效部署产业链。在开展薄膜/磁性树脂/芬顿试剂等原材料的属性、机制等上游科学原理研究，以及水/土/气污染防治与生态修复等共性核心技术、关键工艺试验研究等中游技术方法研究，进而开展 IC 厌氧反应器中试验证、重大装备样机及其关键部件开发、淮河流域再生水利用与风险控制工程示范等下游装置产品研究方面，完整地贯穿了整个水体污染控制与治理"上游—中游—下游"产业链（图 10-12）。

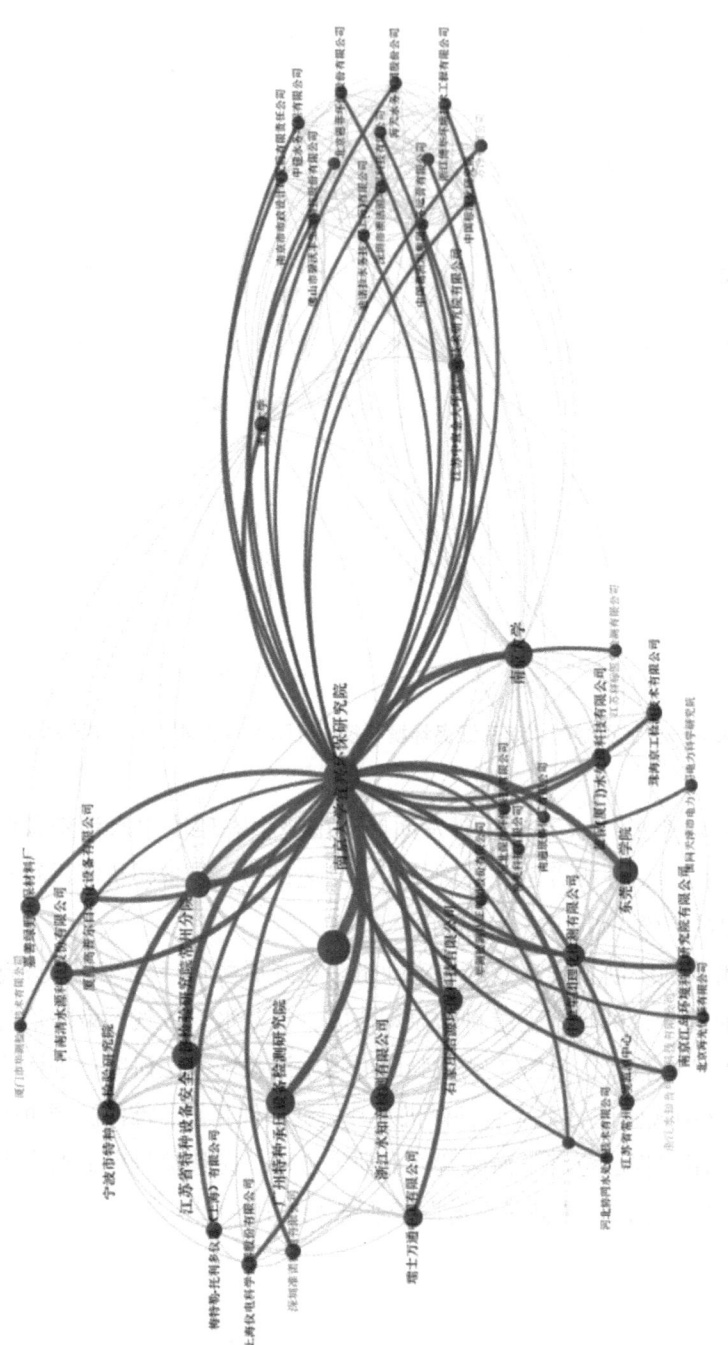

图 10-12　南京大学产业链下游形成的行业标准企业群（见书末彩插）

## 10.3 南京大学的"创新链—产业链"双链融合平台——产业技术创新战略联盟

在已有基础科学、技术科学和工程技术的基础上，南京大学进一步建设了南京环保产业创新中心有限公司，形成了涵盖南京大学、江宁（国家）经济技术开发区、江苏省环境科学研究院等以"政产学研用"模式紧密合作组建、快速发展的国家高新技术企业。

该公司以"环境健康与生态安全系统解决方案提供商"为定位，建立了以毒性控制与节能减排为核心的整装成套新产品研发与产业化基地，重点辐射精细化工、新材料、新能源、生物医药、智慧城市等战略性新兴产业，开展技术服务、工程装备和运营维护三位一体的环境污染治理与资源化工作，持续为政府及重点企事业单位提供技术供给服务（图10-13）。

南京环保产业创新中心有限公司在基础科学方面有一定的研究，具体围绕磁性离子交换树脂[95]、催化臭氧氧化技术[96]、多点投加芬顿氧化处理技术[97]、重金属高效去除技术[98]等。此外，在技术科学方面，南京环保产业创新中心有限公司也针对去除含有低自燃点有机废气方法[99]、氯球生产废水的处理及资源化回用方法[100]、复合式粉末树脂高效水质净化系统及其方法[101]等进行了技术开发。

2014年，南京环保产业创新中心有限公司依托污染控制与资源化研究、有机毒物污染控制与资源化工程技术研究和国家重大水专项淮河项目有关建设工作，联合南京大学、中国科学院生态环境研究中心、环境保护部南京环境科学研究所、生态环境部华南环境科学研究所、江苏省环境科学研究院及江苏淮河化工有限公司等19家企业、高校和科研院所打造了产业技术创新战略联盟，分别针对"有机化工废水污染防治""淮河流域再生水利用与风险控制""石化废水处理与资源化"深度探索了"官—学—研—产—用"融通创新发展模式。

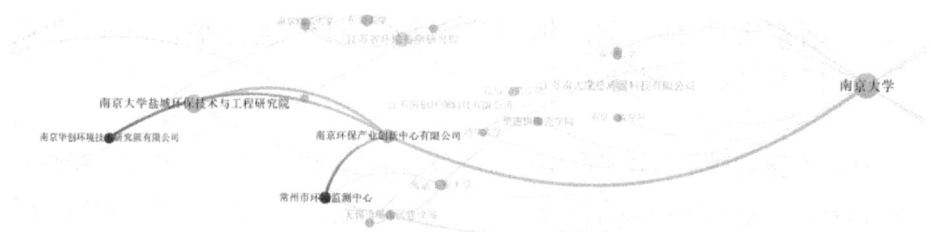

图10-13　南京环保产业创新中心有限公司在产业链中的位置（见书末彩插）

在有机化工废水污染防治方面，产业技术创新战略联盟以解决有机化工行业转型升级、大型化工企业节水减排、化工园区生态化改造等重大科技需求和系统解决方案为目标导向，通过整合联盟优质资源，促进产业转型升级；集聚内部创新要素，共建共享创新平台；建立联合攻关模式，创新成果转化机制；加强人才交流培养，提升持续创新潜能；开放广纳新盟员，提升行业发展的标准化和规范化水平，最终将联盟建设为有机化工废水治理与资源化技术创新与产业升级的高端支撑平台，推动行业的快速高效和持续健康发展。

在淮河流域再生水利用与风险控制方面，该联盟以淮河流域为示范区域，以典型行业废水深度处理与回用为研究目标，围绕淮河流域重点污染行业节水减排与转型升级，实施废水深度处理与回用技术、材料及设备的创新研发和产业化，加快再生水工程应用，促进企业减污增效，为水污染控制、水功能达标及可持续发展提供智力支撑和科技保障。同时加强科技创新，突破关键、共性及重大前沿技术，加强政产学研用紧密合作，促进成果转化。

在石化废水处理与资源化方面，该联盟以石化废水深度处理与资源化为研究目标，为解决石化废水典型污染特征的负荷削减与水资源循环利用提供借鉴。力争全面提升该行业废水提标及回用处理关键技术和装备的产业化水平，实现石化行业废水资源化和近"零排放"，削减废水排放量及污染物排放总量，满足国家"减排降耗"的要求。

## 10.4 南京大学通过"水专项"研究形成了独特的创新模式

南京大学团队在技术成果的高效转移转化模式方面，进行了卓有远见的探索，如市场化服务社会的股份制公司（江苏南大华兴环保科技股份公司）、南京全凯生物基材料研究院、南京大学江宁环保技术创新研究院等。

### 10.4.1 市场化服务社会的股份制公司

江苏南大华兴环保科技股份公司是以南京大学盐城环保技术与工程研究院为依托，主要致力于工业污染控制与资源化利用，是由团队控股市场化服务社会的股份制公司。公司成立于2016年5月，具备废水、废气工程设计专项乙级、市政排水工程设计专业乙级、市政公用工程施工总承包、环保工程专业承包三级等资质。该公司是南京大学和国家水资源管理办公室在盐城环保科技城的产业化基地，江苏省产业技术研究院水环境工程技术研究所（盐城）共建单位，承担环保新技术的二次开发和示范推广。

该公司秉承"社会的环保学校，政府的环保智库，园区的环保顾问，企业的环保管家"的发展理念，可提供从项目可行性研究、环境评价与规划，到环境工程咨询、环境应急与监理、设计与施工、环保工程（设备）总包、调试、运营、管家等一站式的系统服务和解决方案。

该公司在高浓有机废水治理领域拥有基于特种树脂吸附高品质盐回收预处理技术、全混式铁碳微电解+芬顿氧化去毒性技术；在含氮废水方面有高有机氮废水电化学催化氧化脱氮技术、高氨氮废水氨回收技术；在生化处理方面有强化稳定流外循环的UASB技术、基于耐盐菌种的好氧同步硝化技术；在工业尾水处理方面拥有基于催化臭氧的高效臭氧氧化技术、脱氮技术等；在废气方面，拥有基于安全吸附回收的有机废气净化与资源化技术。

### 10.4.2 南京全凯生物基材料研究院

南京全凯生物基材料研究院由南京大学、南京市江北新区化工产业转型发展管理办公室和南京新工投资集团于2018年共同组建成立。该研究院定位于汇聚一流人才，促进科技创新，推动生物基材料产业发展，服务地方经济发展。通过关键技术开发、成果转化与孵化、创新创业团队的培育，建立以国家战略需求和学科发展前沿为导向的国内一流、国际知名的高水平研究院。

该研究院积极参与扬子江生态文明创新中心的建设，以区域内科技需求为导向，在流域塑料污染综合控制技术、环境健康与生态控制和农业面源污染控制等方面积极开展研发工作，支撑扬子江生态文明创新中心新材料方向的研究。

该研究院以创新的运作模式推动技术的产业化，面向国家"白色污染"治理与绿色发展的重大需求，加快建设技术研发创新、成果转移孵化、产业公共服务、创新人才培养四大平台。专注于源头生物基化学品的制备与纯化—生物基材料合成—末端产品应用的关键技术研发，将提供从源头到末端的全产业链研发解决方案，积极推动行业、产业协调发展。

### 10.4.3　南京大学江宁环保技术创新研究院

南京大学江宁环保技术创新研究院于 2017 年 11 月 28 日，由南京大学与江宁开发区、江苏华兴投资集团合作共建，是南京市首批签约和首批备案的新型研发机构。

该研究院肩负"推动产业转型升级、服务地方经济发展"的战略使命，围绕流域污染控制与生态净化、VOCs 污染控制与废气治理、重金属污染控制与土壤修复等关键技术领域，搭建技术研发创新、成果转移孵化、科技公共服务、国际合作交流四大平台，加速自主创新成果产出与产业化。

在科技创新方面，围绕流域污染控制与生态净化、VOCs 污染控制与废气治理、重金属污染控制与土壤修复等关键技术领域，研发出以毒性减排为核心的集成治理技术，填补了国内空白；研发出系列新型磁性树脂，新材料、新装备经专家鉴定均达国际领先水平；自主研发的同步脱氮除磷新装备入选市创新产品。

在发展模式方面，该研究院作为南京市新型研发机构，通过政、产、学、研、融、用深度融合，依托国家有机毒物污染控制与资源化工程技术研究中心和国家重大水专项，构建了基于"二次开发—产品孵化—联盟集成—

平台推广—机制保障"的全链式水专项成果产业化创新体系,形成了"众创空间+产业联盟+产业孵化器"的科技成果转化与孵化"共生体系"。

作为政、产、学、研、用深度融合发展体系实践的典型案例,荣获科技成果转化的"江宁样本"称号,入选《中国发展观察》杂志社"中国样本——改革开放40周年经典案例"。

## 10.5 小结

在"一校两院一企一平台"的基础上("一校"南京大学、"两院"南京大学盐城环保技术与工程研究院和南京大学宜兴环保研究院、"一企"南京江岛环境科技研究院有限公司、"一平台"南京环保产业创新中心有限公司),南京大学围绕基础科学、技术科学、工程技术等形成了高质量的科学论文、技术专利和产业标准成果,进而将其应用在我国企业"减污增效"、行业"健康发展"、国家"减排降耗"的事业中。

南京大学"水专项"研究团队践行了"把论文写在祖国的大地上,把专利技术成果应用在实现我国现代化的伟大事业中",实现了"围绕创新链布局产业链,围绕产业链部署创新链",在我国科研成果转化方面提供了宝贵的创新模式。

# 11　未来建议

经过几十年的积累，我国科技创新进入跟跑、并跑、领跑"三跑并存"新阶段，正从量的积累向质的飞跃、从点的突破向系统能力提升转变，同时根据我们 2023 年 9 月 20 日发布的《中国科技论文统计结果》来看，越来越多的学科进入"并跑"和"领跑"阶段。2013—2023 年，农业科学、化学、计算机科学、工程技术、材料科学和数学 6 个学科论文的被引次数世界排名第 1 位，生物与生物化学、环境与生态学、地学、微生物学、分子生物学与遗传学、综合类、药学与毒物学、物理学、植物学与动物学等 9 个学科论文的被引次数世界排名第 2 位。在 22 个学科中，中国有 11 个学科产出论文占世界该学科论文比例超过 20%。

在我国越来越多的学科或领域进入"并跑"和"领跑"阶段的情况下，更需要进一步提升对标计量分析能力，强化对已知"标杆"的决策性支撑，助推更多"并跑"进入"领跑"。同时，要进一步完善对标计量分析水平，更多地支撑和引领未知的领域，找到通往未知的可能路径，到达尚未全面认知的领域，开辟一个全新的认知空间，从"领跑"到更大程度的"领跑"。

道阻且长，行则将至；行而不辍，未来可期！

# 参考文献

[1] 侯艳萍.科技项目的特点及其管理的对策分析[J].中国科技信息,2005(21):7.

[2] 廖新征,杨柳青.科技项目全生命周期管理[J].中国电力企业管理,2022(33):90-91.

[3] 鲁晶晶,谭宗颖,万昊.关于科技项目成果评估研究内容的分析与思考[J].科学管理研究,2016,34(1):37-41.

[4] 苑怡,冯勇,谢焕瑛,等.构建科学基金全面绩效评价体系持续推动科学基金深化改革[J].中国科学基金,2022,36(5):806-812.

[5] 罗骏,周小丁,刘力玮,等.国家自然科学基金项目绩效评价的质量管理体系实现探讨[J].中国科学基金,2017,31(5):475-480.

[6] 冯勇,谢焕瑛,蔡乾和,等.国家自然科学基金重大项目绩效评价探析及政策思考[J].中国科学基金,2022,36(3):483-488.

[7] 陈波,李园园,朱卫东.管理学部青年科学基金项目后评估的分析与研究[J].科学学与科学技术管理,2010,31(10):64-68.

[8] 林浩伟.国家自然科学基金项目后评价研究[D].合肥:合肥工业大学,2008.

[9] 毕翠霞,牛欣,叶潇铁.科研项目后评价理论与应用[J].管理观察,2014(34):29-31,34.

[10] 周寄中,杨列勋,许治.关于国家自然科学基金管理科学部资助项目后评估的研究[J].管理评论,2007,19(3):13-19,63.

[11] 董友建.新世纪中国科技评价体系研究[D].昆明:云南大学,2018.

[12] 张琳,Sivertsen Gunnar.科学计量与同行评议相结合的科研评价:国际经验与启示[J].情报学报,2020,39(8):806-816.

[13] 张强,周志刚.有限绩效与多维评价:国外科研绩效拨款机制及其实践——以英国,澳大利亚,新西兰为例[J].外国教育研究,2022(6):111-128.

[14] EBRARY I. Evaluating federal research programs: research and the government performance

and results act [J]. Research-technology management, 1999, 42 (4): 61-62.

[15] 姚雨辰.科技基础研究计划项目后评估研究 [D].南京：南京理工大学, 2010.

[16] FRANCESCHET M, COSTANTINI A. The first Italian research assessment exercise: a bibliometric perspective [J]. Journal of informetrics, 2011, 5 (2): 275-291.

[17] 张继将.基于DEA方法的科研项目验收绩效评估系统研究 [J].中国科技信息, 2013 (2): 98-99.

[18] 戴羽, 郑晓东, 黎晶, 等.基于数据包络分析（DEA）的肿瘤学科研项目绩效评价分析 [J].中国卫生统计, 2016, 33 (3): 474-476.

[19] 柴芳.基于层次分析法的国土资源调查项目后评估研究 [D].北京：中国地质大学, 2010.

[20] 蔡俊雄, 龚启慧, 罗枫.基于层次分析法的科研项目绩效评价体系研究 [J].生产力研究, 2020 (10): 99-104.

[21] 徐新宇.我国海洋能"十三五"项目后评价研究 [D].哈尔滨：哈尔滨工程大学, 2020.

[22] 安超男.重点研发计划专项的绩效评价研究 [D].北京：北京化工大学.

[23] 田人合, 张志强, 郑军卫.杰青基金地球科学项目资助效果及对策分析 [J].情报杂志, 2016, 35 (6): 121-129.

[24] 杨宁, 文奕上, 胡正银, 等.科研项目产出绩效评价研究：以干细胞科研领域为例 [J].科技管理研究, 2020, 40 (9): 52-59.

[25] 王仲梅, 仝逸峰, 荆新爱.科研项目绩效指标编制分析 [J].科研管理, 2015, 36 (S1): 361-364.

[26] 刘蔚, 屈宝强, 吴彬彬.基于论文视角的科技计划项目影响力关联评价模型 [J].中华医学图书情报杂志, 2020, 29 (2): 35-45.

[27] 宋歌, 孙建军.科研项目学术创新力评价方法与实证 [J].科技管理研究, 2017, 37 (6): 44-50.

[28] 王颖婕, 柳卸林, 王雪璐, 等.科研项目学术价值评价及影响因素研究 [J].科学学研究, 2020, 38 (3): 409-417.

[29] 刘晓娟, 周若卿.国外科研项目绩效评价实践及启示 [J].图书情报工作, 2023, 67 (14): 119-129.

[30] 昝江明.国内外对标管理研究分析和对比 [J].科技与经济, 2006 (18): 50-51.

[31] 邹笃峰. 对标管理的应用 [J]. 企业管理, 2013 (4): 64-65.

[32] 陈峰, 梁战平. 论定标比超方法在企业竞争情报实践中的应用 [J]. 情报学报, 2002, 21 (2): 232-236.

[33] 陈峰. 竞争情报理论方法与应用案例 [M]. 北京: 科学技术文献出版社, 2014.

[34] 谢新洲, 吴淑燕. 竞争情报分析方法: 定标比超 [J]. 北京大学学报 (哲学社会科学版), 2003 (2): 137-151.

[35] 卜乐平, 杨广益. 数据挖掘在计量增值服务中的应用 [J]. 计量科学与技术, 2022, 66 (2): 38-43.

[36] 俞立平, 潘云涛, 武夷山. 科技评价中不同客观评价方法权重的比较研究 [J]. 科技管理研究, 2009, 29 (7): 148-150.

[37] 俞立平, 潘云涛, 武夷山. 科技教育评价中主客观赋权方法比较研究 [J]. 科研管理, 2009, 30 (4): 154-161.

[38] 曾闻, 王曰芬, 周玖宇. 产业领域专利申请状态分布与演化研究: 以人工智能领域为例 [J]. 情报科学, 2020, 38 (12): 4-11.

[39] 郭状, 余翔. 基于我国人工智能专利数据的专利价值影响因素分析 [J]. 情报杂志, 2020, 39 (9): 88-94.

[40] 陈悦, 宋凯, 刘安蓉, 等. 基于机器学习的人工智能技术专利数据集构建新策略 [J]. 情报学报, 2021, 40 (3): 286-296.

[41] 宋凯, 朱彦君. 专利前沿技术主题识别及趋势预测方法: 以人工智能领域为例 [J]. 情报杂志, 2021, 40 (1): 33-38.

[42] 高继平, 马峥, 潘云涛, 等. 大数据领域代表性专家识别与分析: 文献计量学视角 [J]. 科技管理研究, 2016, 36 (16): 177-182.

[43] 张晓瑜, 邹凯, 毛太田. 国内图书情报领域大数据研究进展 [J]. 图书馆学研究, 2015 (24): 2-8.

[44] 雷水旺. 基于知识图谱的国内外大数据研究进展 [J]. 图书情报研究, 2017, 10 (2): 62-69.

[45] 俞征鹿, 马峥, 田瑞强, 等. 中国英文科技期刊国际社会影响力表现: 基于 Altmetrics 提及次数指标 [J]. 编辑学报, 2021, 33 (3): 349-354.

[46] 李江波, 张梁, 姜春林. Altmetrics 视角下的人文社会科学学术专著影响力评价研

究：基于 BkCI、Amazon 和 Goodreads 的比较分析[J].情报学报,2020,39(9): 896-905.

[47] BORNMANN, LUTZ, LEYDESDORFF, et al. Professional and citizen bibliometrics: complementarities and ambivalences in the development and use of indicators - a state-of-the-art report[J]. Scientometrics an international journal for all quantitative aspects of the science of science policy, 2016, 109: 2129-2150.

[48] LEYDESDORFF L, BOMMANN R. How fractional counting of citations affects the impact factor[J]. Journal of the American society for information science and technology, 2011, 62(2): 217-229.

[49] HOOYDONK G V. Fractional counting of multiauthored publications: consequences for the impact of authors[J]. Journal of the association for information science & technology, 1997, 48(10): 944-945.

[50] LIU S, CHEN C, DING K, et al. Literature retrieval based on citation context[J]. Scientometrics, 2014, 101(2): 1293-1307.

[51] SMALL H. Citation context and content analysis[J]. Progress in communication science, 1982(3): 287-310.

[52] HU Z, CHEN C, LIU Z. Where are citations located in the body of scientific articles? A study of the distributions of citation locations[J]. Journal of informetrics, 2013, 7(4): 887-896.

[53] HU Z, LIN G, SUN T, et al. Understanding multiply mentioned references[J]. Journal of informetrics, 2017, 11(4): 948-958.

[54] 江志鹏,樊霞,朱桂龙,等.技术势差对企业技术能力影响的长短期效应:基于企业产学研联合专利的实证研究[J].科学学研究,2018,36(1):131-139.

[55] 谢彩霞,栾春娟,赵亮.斯坦福大学技术创新影响力及优势的专利计量研究[J].科学与管理,2019,39(3):8-15.

[56] 乔永忠,文家春.国内外发明专利维持状况比较研究[J].科学学与科学技术管理,2009,30(6):29-32.

[57] 石书德.从主要专利质量指标看我国专利的发展水平[J].科技和产业,2012,12(7):123-126.

[58] 杨滨键,尚杰,于法稳.农业面源污染防治的难点、问题及对策[J].中国生态农业学报(中英文),2019,27(2):236-245.

[59] 刘斯平,陶少丹.植物在人工湿地净化污水中的作用及其影响因素[J].吉林农业,2018(16):36.

[60] 王志国,蓝梅.人工湿地系统污水净化机理及其影响因素研究[J].人民珠江,2016,37(5):90-92.

[61] 双陈冬,谈政焱,刘福强,等.一种磁性树脂废水处理反应器及其使用方法:中国,CN201610819051.6[P].2017-01-04.

[62] 李天鹏,荆国华,周作明.微电解技术处理工业废水的研究进展及应用[J].工业水处理,2009,29(10):9-13.

[63] 刘雨知,高嘉聪,隋振英,等.微电解技术在工业废水处理中的应用进展[J].化工环保,2017,37(2):136-140.

[64] 关春雨,马军,鲍晓丽,等.臭氧催化氧化-活性炭处理微污染源水[J].水处理技术,2007(11):75-78.

[65] 陈天翼.超细活性炭催化臭氧氧化与陶瓷膜耦合处理废水效能研究[D].北京:清华大学,2017.

[66] 张东曙,高延耀,李皓.HCR预处理乙二醇废水可行性研究[J].上海环境科学,2003,22(11):746-749.

[67] 何庆生,刘献玲,吴平.乙二醇污水预处理生物流化床工业试验研究[J].中外能源,2013,18(6):81-84.

[68] 马庆旭,吴良欢.一种制备生物炭基缓释氮肥的装置及应用:中国,CN201610110703.9[P].2016-07-20.

[69] 武倩,李燕,李爱民.再生水消毒副产物去除技术研究进展[J].环境保护科学,2015,41(2):57-62.

[70] 费正皓,刘福强,李爱民,等.苯甲酰基修饰的吸附树脂对对甲苯胺的吸附机理研究[J].离子交换与吸附,2006(2):146-151.

[71] 李鹏章,李爱民,陈博之,等.基于活性污泥呼吸速率的化工废水水质评价方法[J].化工进展,2020,39(6):2472-2478.

[72] 宗黎丹,刘福强,陈达,等.新型吡啶基螯合树脂对强酸高盐溶液中铜镍的分离特

性 [J].离子交换与吸附,33 (3):223-235.

[73] 徐超,刘福强,巢路,等.新型多胺类螯合树脂的设计、制备及其对重金属离子吸附特性的研究 [J].离子交换与吸附,2013,29 (6):481-495.

[74] 李胜楠,耿金菊,李珏纯,等.制药废水二级出水中溶解性有机物混凝去除特性研究 [J].环境科学学报,2019,39 (10):3364-3373.

[75] 刘福强,罗堃,双陈冬,等.一种生化尾水梯级氧化深度净化的方法:中国,CN201610521105.0 [P].2016-10-12.

[76] 刘福强,徐超,高洁,等.一种丙烯酸系大容量捕集铜离子的伯胺基螯合树脂及其制备方法:中国,CN201310108031.4 [P].2013-06-19.

[77] 刘福强,朱长青,朱增银,等.高效选择重金属离子的表面印迹壳聚糖微球及其制备方法:中国,CN201510574902.0 [P].2016-01-06.

[78] 李爱民,范俊,刘福强,等.一种粉体树脂用于印染废水深度处理及回用的方法:中国,CN201010153620.0 [P].2010-10-27.

[79] 李爱民,双陈冬,龙超,等.一种磁性丙烯酸系强碱阴离子交换微球树脂及其制备方法:中国,CN201010017687.1 [P].2010-07-21.

[80] 卞为林,戴建军,戴宏刚.零价铁-碳-铜耦合生物法处理化工废水的中试研究 [J].工业水处理,2016,36 (9):25-28.

[81] 王钇,李颖瑜,王津南,等.阴离子交换树脂骨架结构对吸附单宁酸与五倍子酸的影响 [J].离子交换与吸附,2016,32 (1):1-13.

[82] 严凯,杨峰,刘玉东,等.氯硝柳胺生产废水的预处理研究 [J].工业水处理,2015,35 (11):26-28.

[83] 赵选英,戴建军,唐凤霞,等.酸析—微电解—Fenton 试剂氧化联合工艺预处理苯达松废水 [J].化工环保,2015,35 (2):165-168.

[84] 戴建军,何尚卫,蒋杨,等.医药中间体废水实际工程处理效果分析 [J].水处理技术,2016,42 (4):107-111.

[85] 施鹏,张怀成,李爱民,等.一种复合功能树脂及制备方法和应用:中国,CN201810392644.8 [P].2018-07-27.

[86] 曹勋,施鹏,丁新春,等.一种源于饮用水源水的含腐殖酸液体肥料及其制备方法:中国,CN201811438283.2 [P].2019-02-01.

[87] 陈利芳，王炼，高静静，等.一种工业废盐精制提纯耦合工艺及装置：中国，CN202010455042.X［P］.2020-09-08.

[88] 任洪强，黄辉，王庆，等.一种高效废水处理装置及处理方法：中国，CN201611040592.5［P］.2017-02-15.

[89] 黄辉，王庆，马思佳，等.一种高纳污能力低能耗的污水深度脱氮装置及其运行方法：中国，CN201610892700.5［P］.2017-04-05.

[90] 黄辉，王庆，任洪强，等.一种低温条件下移动床生物膜反应器快速启动的方法：中国，CN201611046008.7［P］.2017-02-22.

[91] 叶林，孙浩浩，张徐祥，等.一种快速富集苯酚高效降解菌群装置及使用方法：中国，CN201810789998.6［P］.2018-12-21.

[92] GB/T 37528—2019，脱氮生物滤池通用技术规范［S］.北京：中国标准出版社，2019.

[93] GB/T 39303—2020，废水处理系统微生物样品前处理通用技术规范［S］.北京：中国标准出版社，2020.

[94] GB/T 39304—2020，再生水生物毒性检测的样品前处理通用技术规范［S］.北京：中国标准出版社，2020.：

[95] 于伟华，曲艳南，姜笔存，等.磁性离子交换树脂对生活污水的吸附再生效果研究［J］.资源信息与工程，2018，33（5）：172-173.

[96] 仇欢，李杰，张鹏，等.催化臭氧氧化对生化尾水中典型有机物的去除特性［J］.化工环保，2019，39（6）：628-633.

[97] 于伟华，成昌艮，姜笔存，等.多点投加芬顿氧化处理技术研究［J］.资源信息与工程，2018，33（6）：91-92.

[98] 凌晨，吴帅，李平海，等.无氰电镀废水中重金属高效去除技术研究进展［J］.矿冶工程，2019，39（6）：92-96.

[99] 李大伟，李爱民，龙超，等.一种去除含有低自燃点有机废气的方法：中国，CN201610322292.X［P］.2016-10-12.

[100] 双陈冬，王悦，张结来，等.一种氯球生产废水的处理及资源化回用方法：中国，CN201510115435.5［P］.2015-06-17.

[101] 李爱民，姜笔存，刘波，等.一种复合式粉末树脂高效水质净化系统及其方法：中国，CN201510264583.3［P］.2015-09-30.

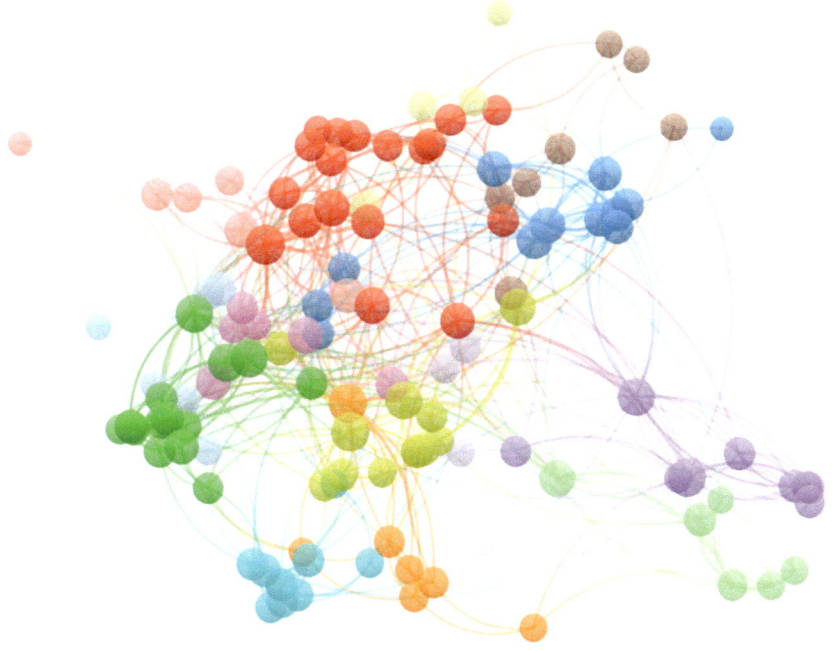

图 8-2 "水专项"专利产出的技术网络表征

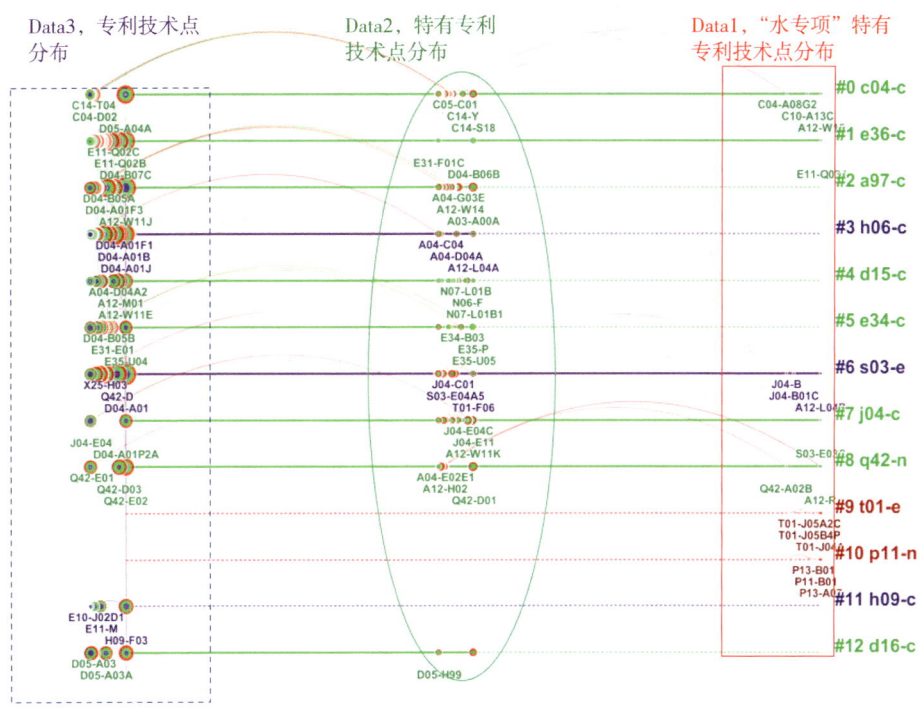

图 8-3 对标计量视角下的专利绩效评估模型

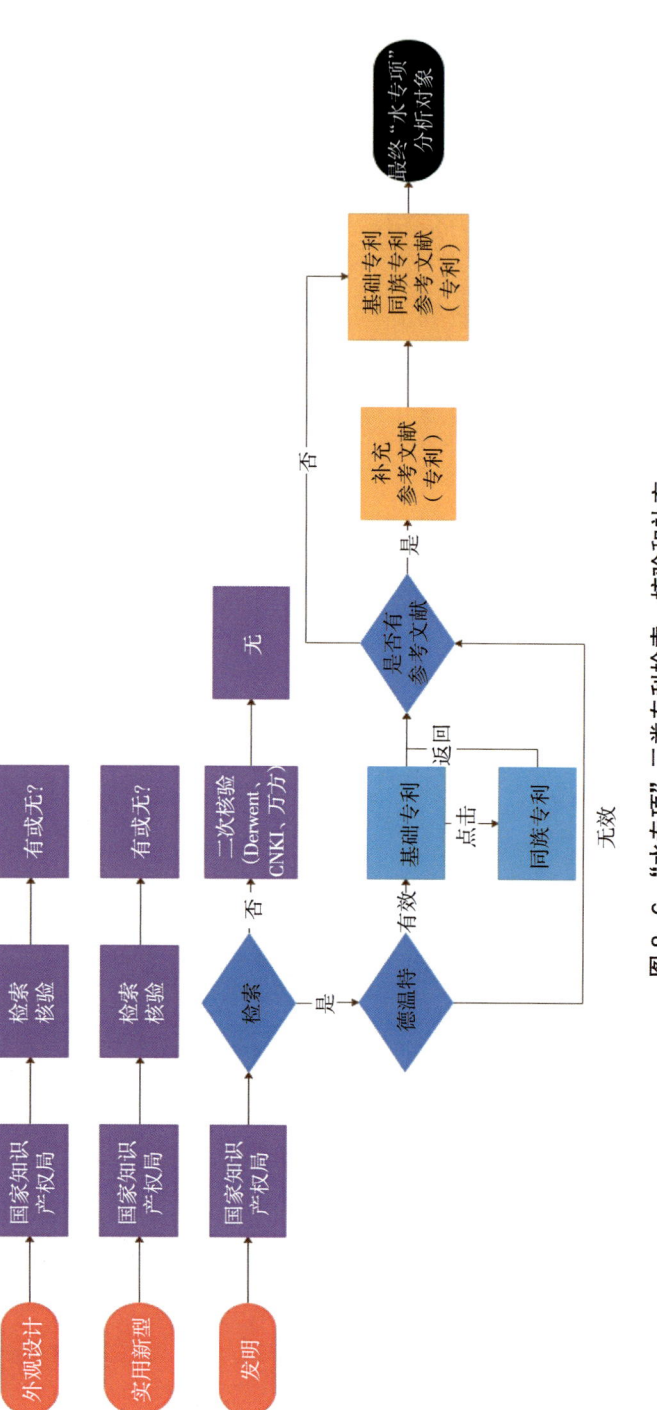

图 8-6 "水专项"三类专利检索、核验和补充

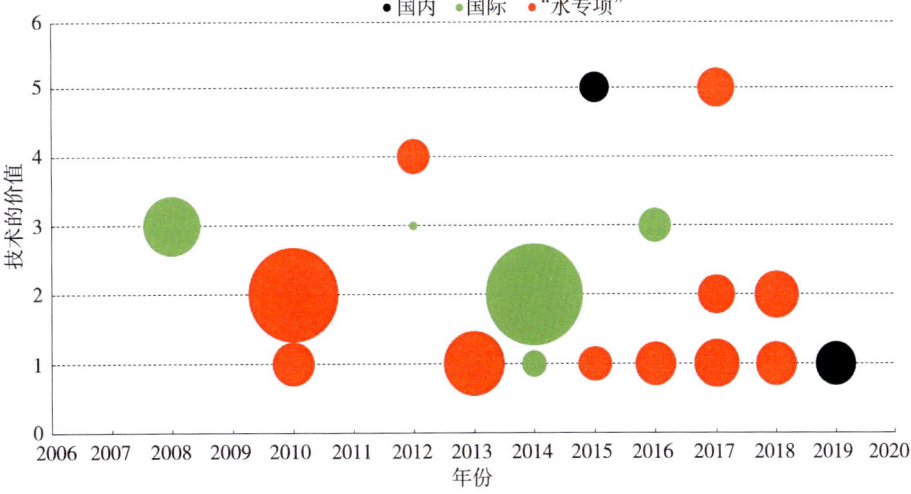

图 8-9 技术领域的影响力评估模型

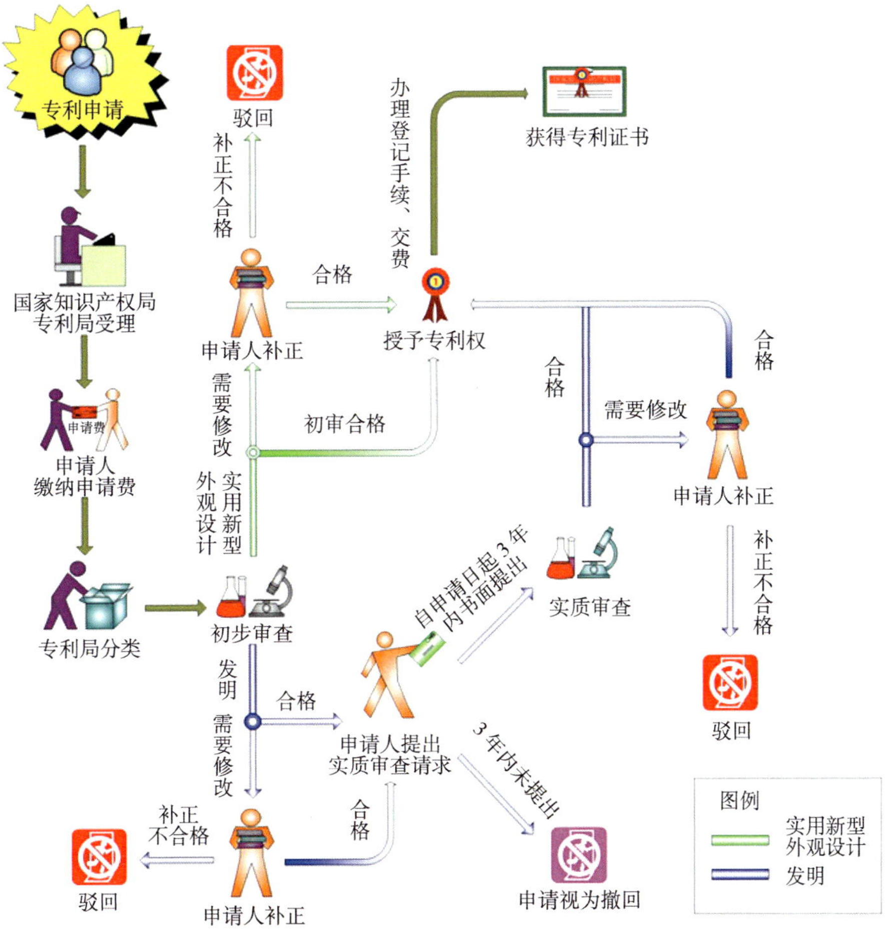

图 9-1 我国三类专利申请、审查流程

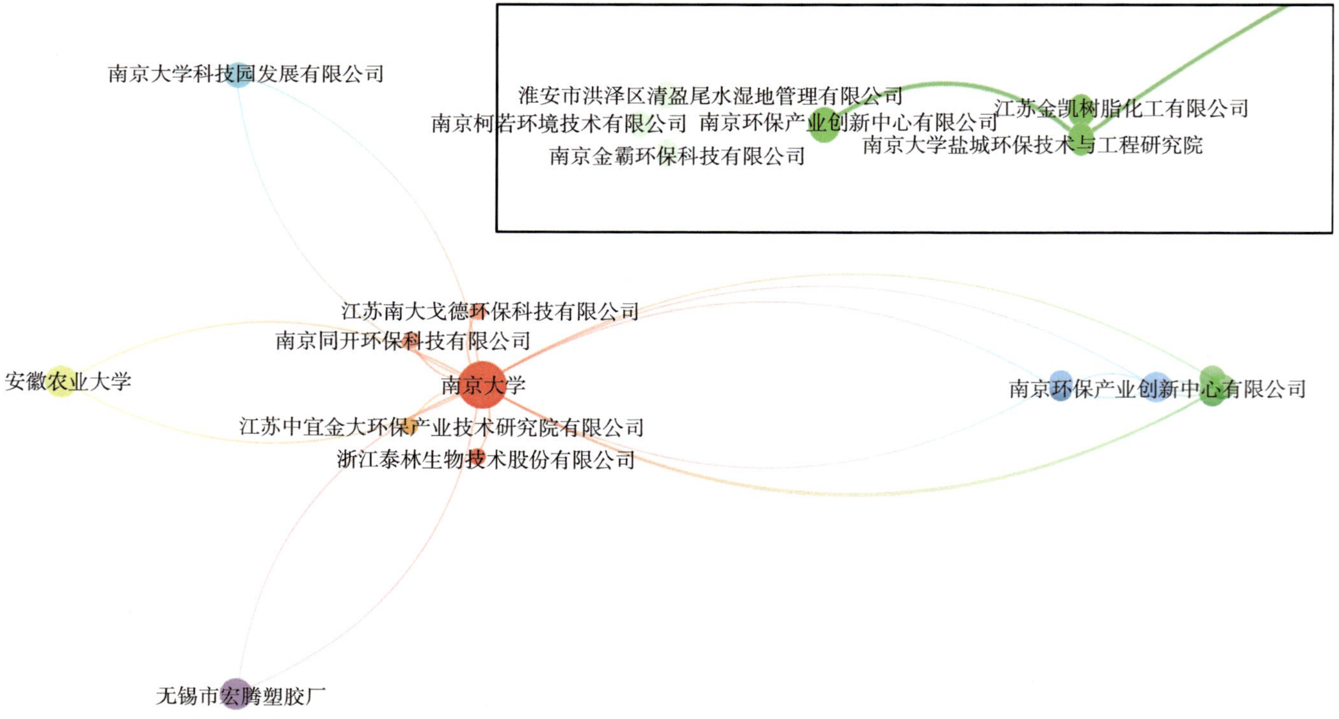

图 9-2 南京大学的产学研合作网络

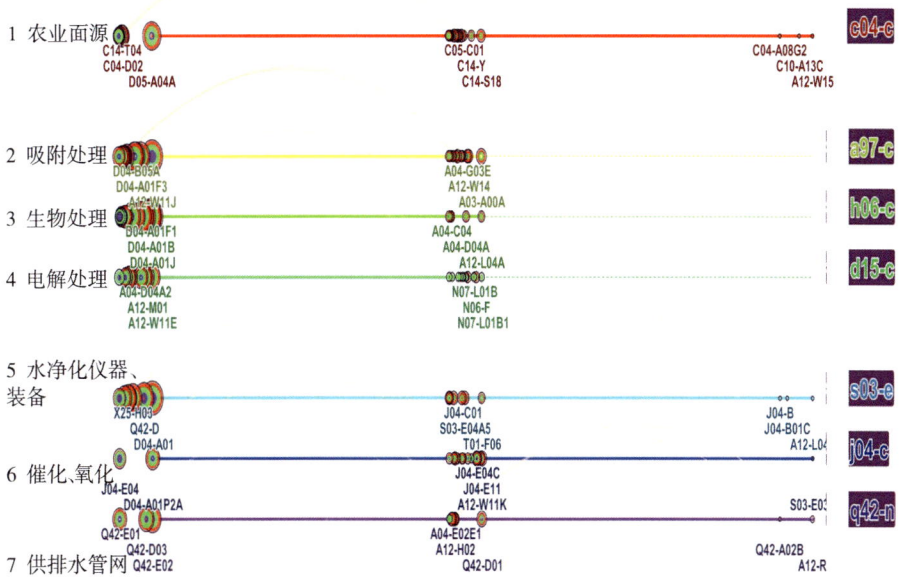

图9-3 全球水污染治理与防治的技术领域分布

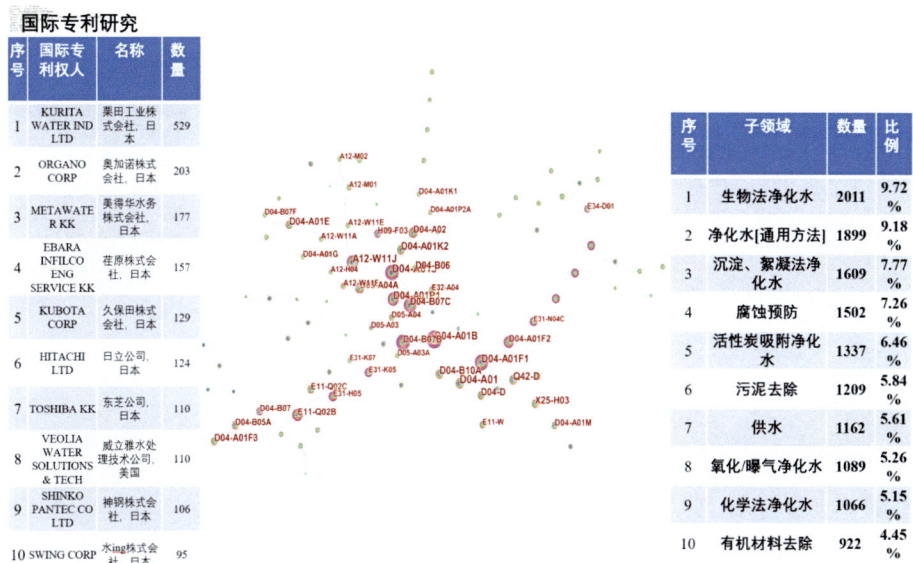

图9-4 国际水体污染控制与治理相关专利研究

**中国专利研究**

| 序号 | 专利权人 | 数量 | 代表性研究人员 |
|---|---|---|---|
| 1 | 中国石油化工集团公司 | 396 | 李宝忠、郭宏山 |
| 2 | 南京大学 | 333 | 任洪强、张炜铭 |
| 3 | 同济大学 | 230 | 戴晓虎、张亚雷 |
| 4 | 北京工业大学 | 213 | 彭永臻、王淑莹 |
| 5 | 华南理工大学 | 207 | 万金泉、李友明 |
| 6 | 河海大学 | 195 | 操家顺、李颖 |
| 7 | 天津大学 | 180 | 季民、宋春风 |
| 8 | 常州大学 | 154 | 万玉山、马建锋 |
| 9 | 浙江大学 | 151 | 郑平、陈红 |
| 10 | 浙江工业大学 | 149 | 陈建孟、王家德 |

| 序号 | 子领域 | 数量 | 比例 |
|---|---|---|---|
| 1 | 活性炭吸附净化水 | 3089 | 5.54% |
| 2 | 沉淀、絮凝净化水 | 2900 | 5.20% |
| 3 | 化学法净化水 | 2761 | 4.95% |
| 4 | 腐蚀预防 | 2746 | 4.92% |
| 5 | 净化水[通用方法] | 2736 | 4.90% |
| 6 | 生物法净化水 | 2662 | 4.77% |
| 7 | 供水 | 2452 | 4.40% |
| 8 | 氧化/曝气净化水 | 2394 | 4.29% |
| 9 | 活性炭以外的方式吸附净化水 | 2165 | 3.88% |
| 10 | 污泥去除 | 2120 | 3.80% |

**中国专利，不包括水专项产出

图 9-5　国内水体污染控制与治理相关专利研究

**"水专项"专利分析**

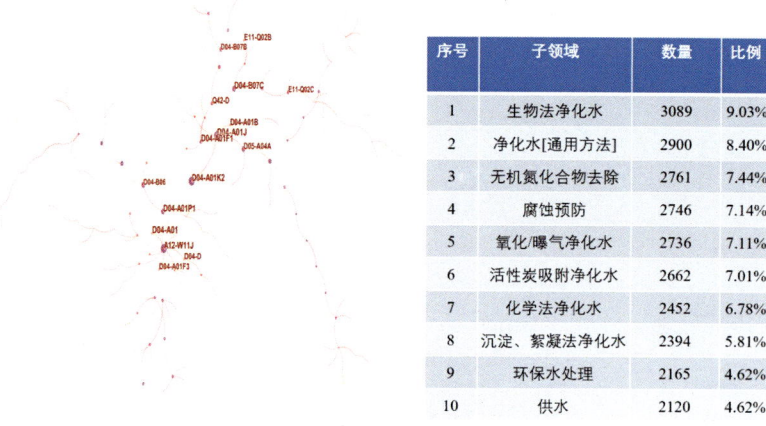

| 序号 | 子领域 | 数量 | 比例 |
|---|---|---|---|
| 1 | 生物法净化水 | 3089 | 9.03% |
| 2 | 净化水[通用方法] | 2900 | 8.40% |
| 3 | 无机氮化合物去除 | 2761 | 7.44% |
| 4 | 腐蚀预防 | 2746 | 7.14% |
| 5 | 氧化/曝气净化水 | 2736 | 7.11% |
| 6 | 活性炭吸附净化水 | 2662 | 7.01% |
| 7 | 化学法净化水 | 2452 | 6.78% |
| 8 | 沉淀、絮凝法净化水 | 2394 | 5.81% |
| 9 | 环保水处理 | 2165 | 4.62% |
| 10 | 供水 | 2120 | 4.62% |

图 9-6　"水专项"相关专利研究

综合专利比较分析

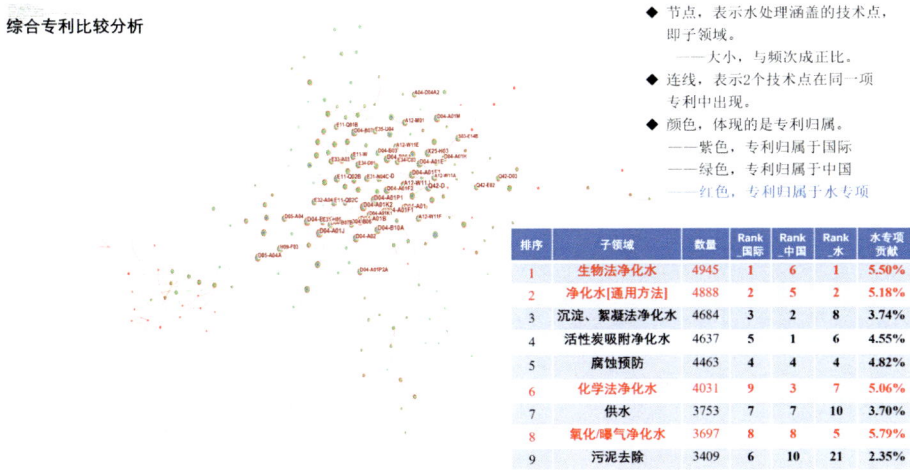

图 9-7 综合比较

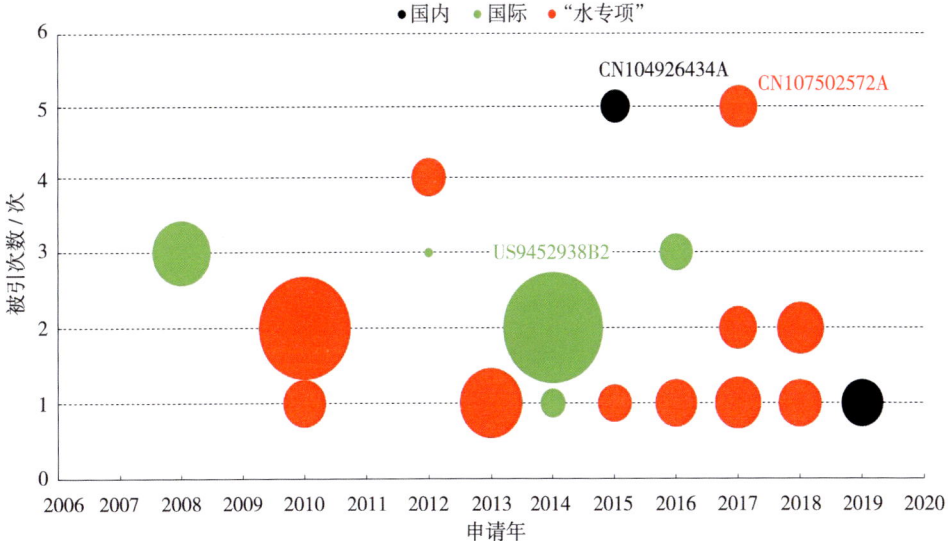

图 9-8 "农业面源"微观分析

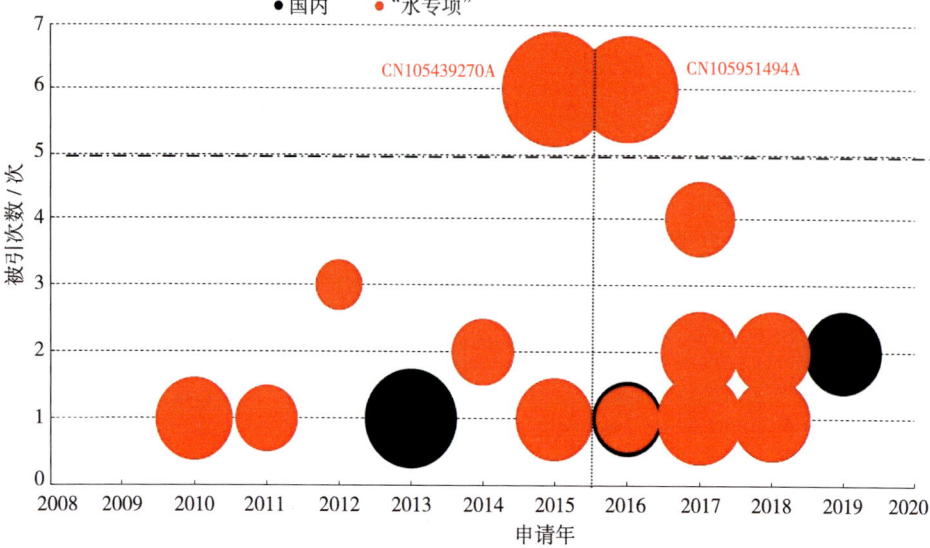

图 9-9 "吸附处理"微观分析

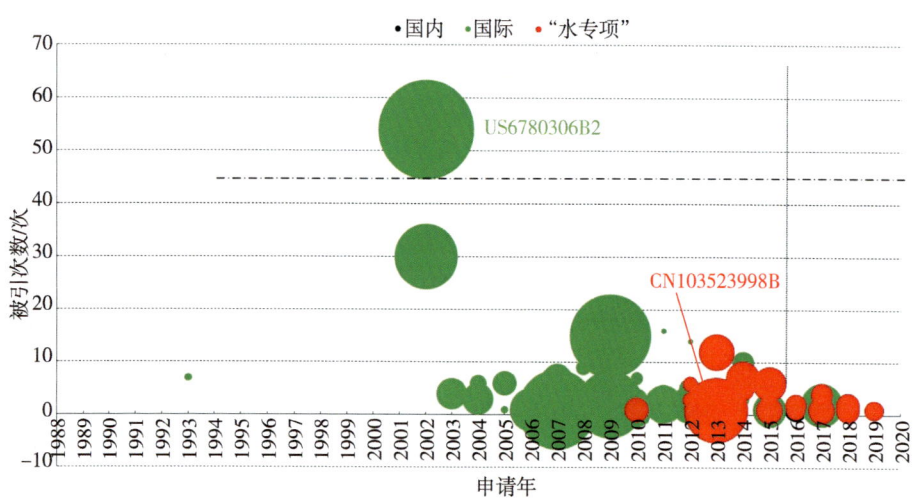

图 9-10 "生物处理"微观分析

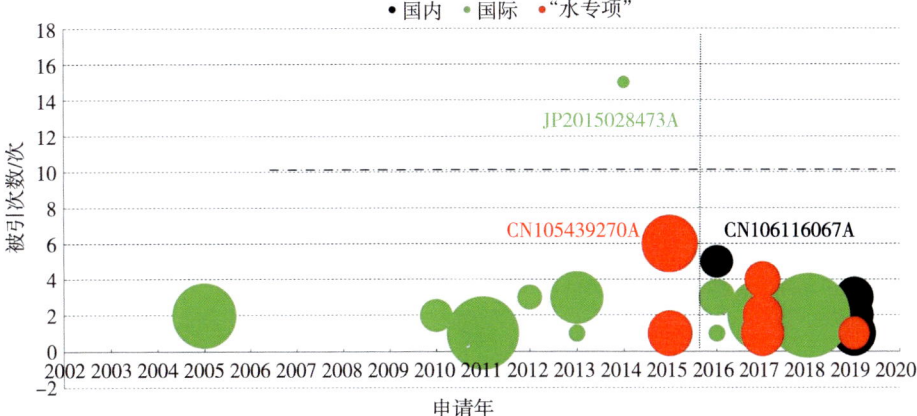

图 9-11 "电解处理"微观分析

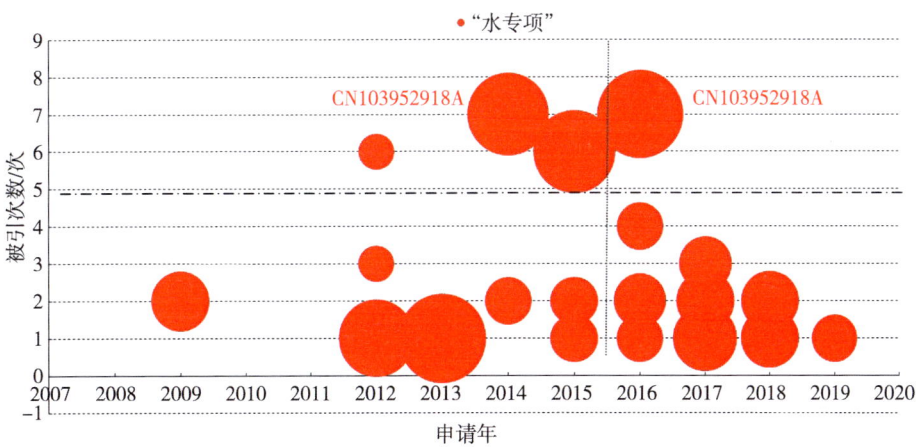

图 9-12 "水净化仪器、装备"微观分析

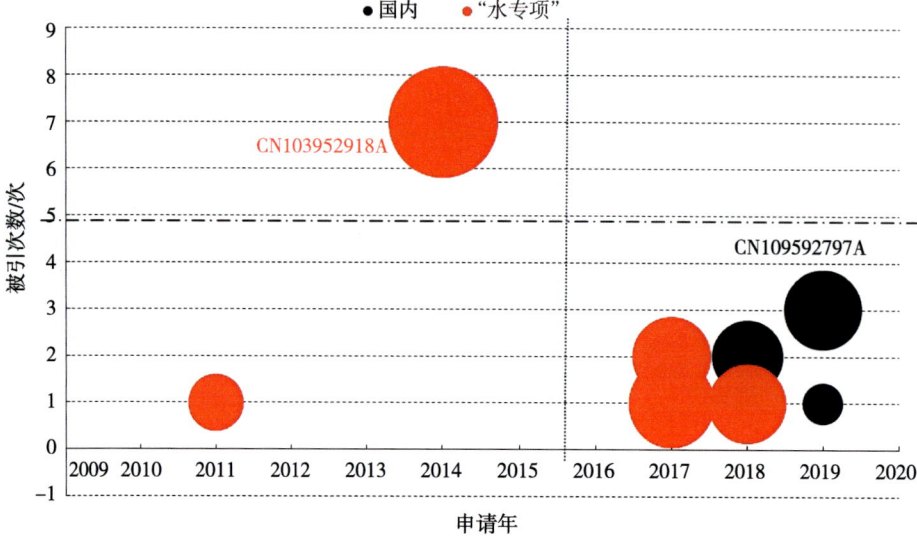

图 9-13 "催化、氧化"微观分析

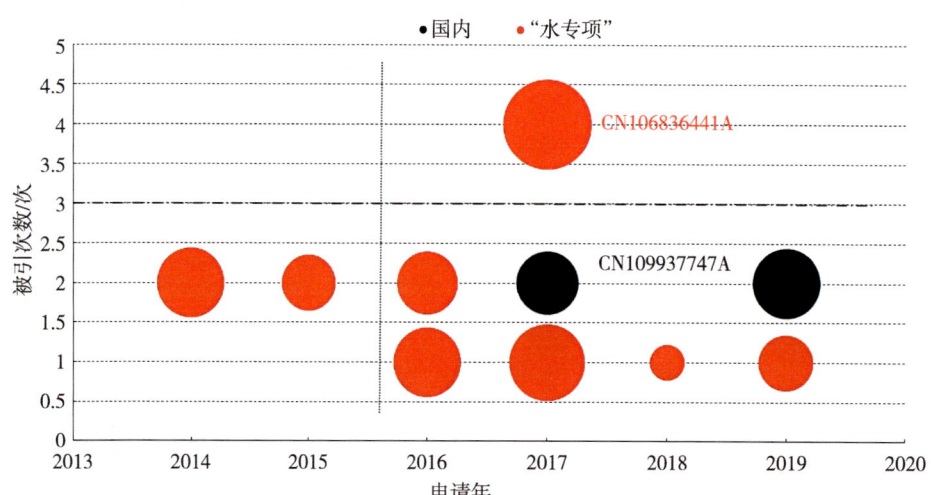

图 9-14 "供排水管网"微观分析

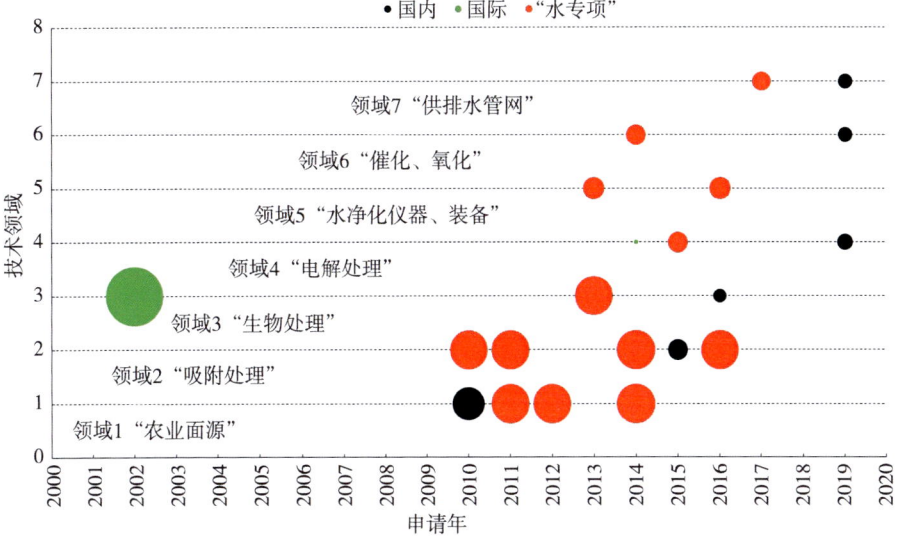

图 9-15 微观方面综合比较

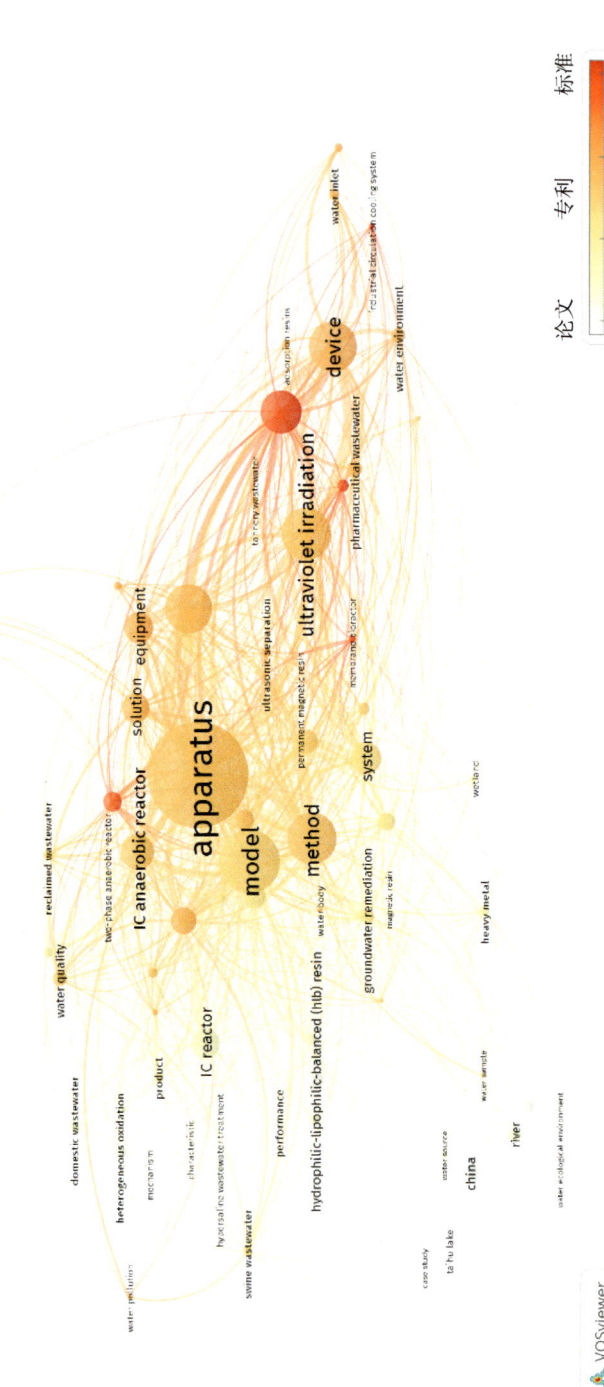

图 10-1 南京大学的创新链图谱

图 10-2 南京大学创新链中独有的基础科学内容

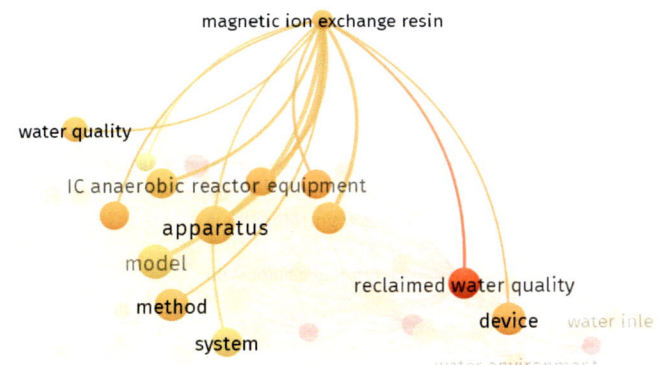

图 10-3 南京大学创新链中的独有的技术科学研究内容

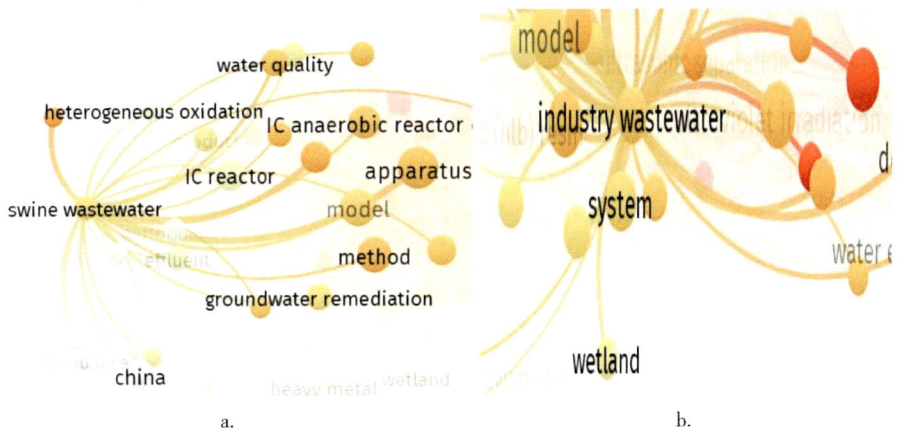

a.                         b.

图 10-4 南京大学创新链中"基础科学"和"技术科学"兼研的内容

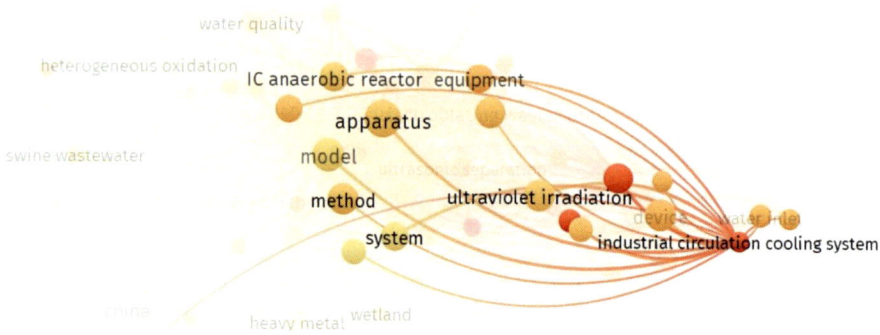

图 10-5　南京大学创新链中工程技术研究内容

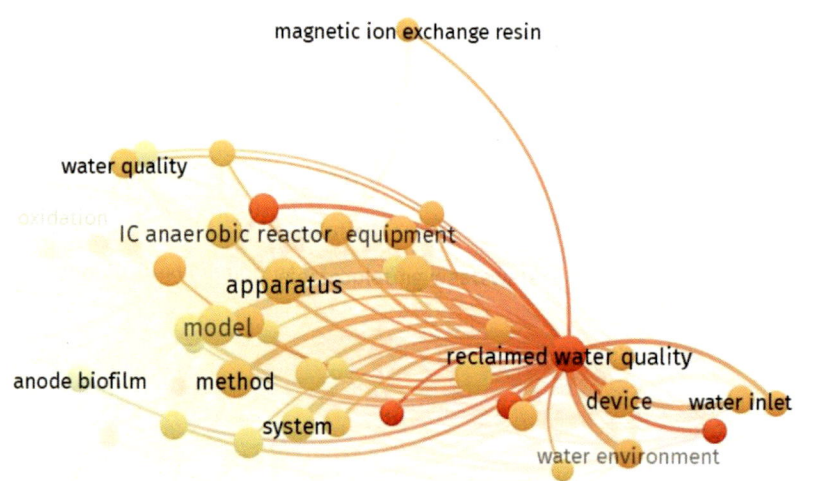

图 10-6　南京大学创新链中"技术科学"和"工程技术"兼研的内容

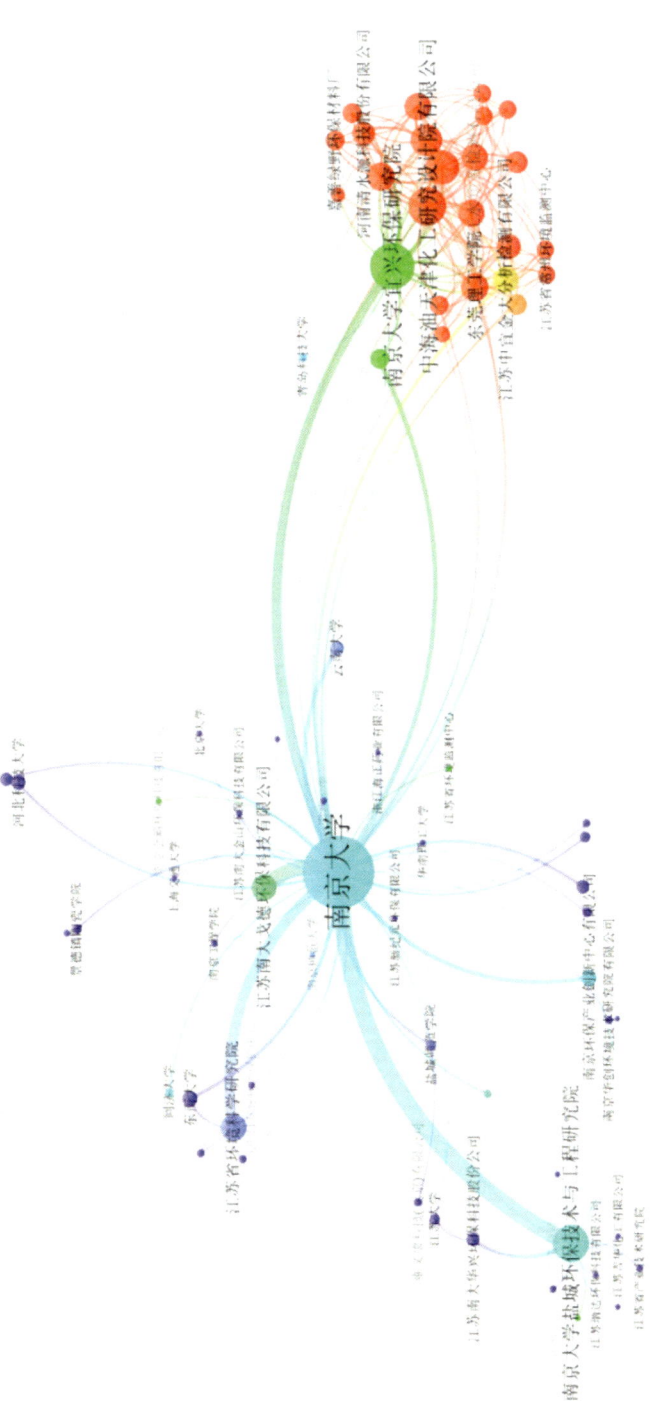

图 10-7 南京大学的产业链图谱

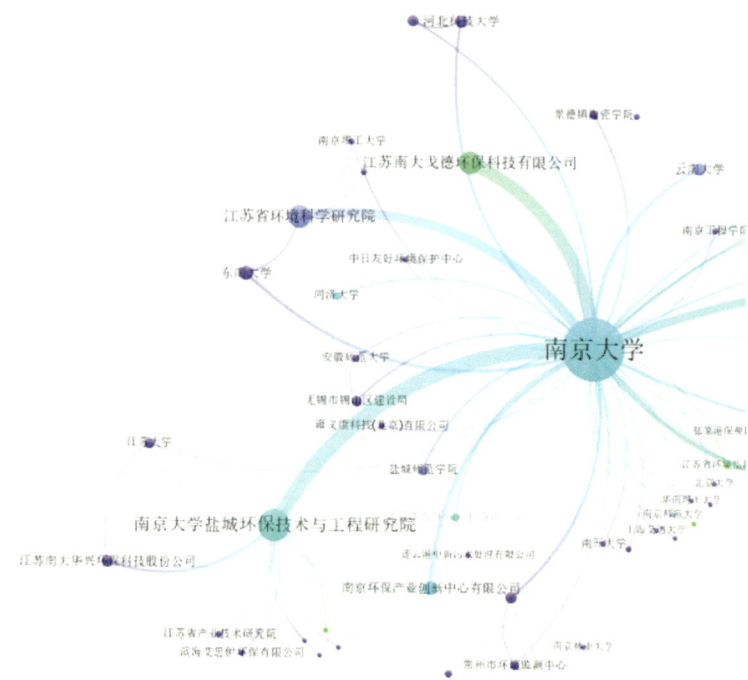

图 10-8　南京大学的产业链中的独有的上游基础科学研究群

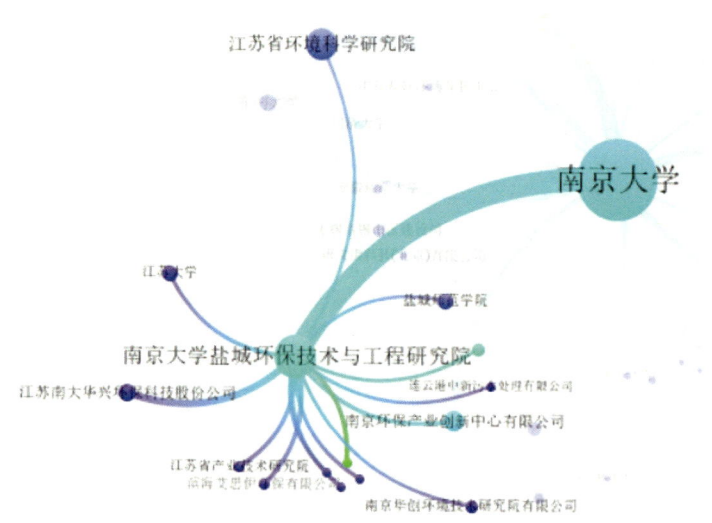

图 10-9　南京大学产业链中游的"盐城环保技术与工程研究院"

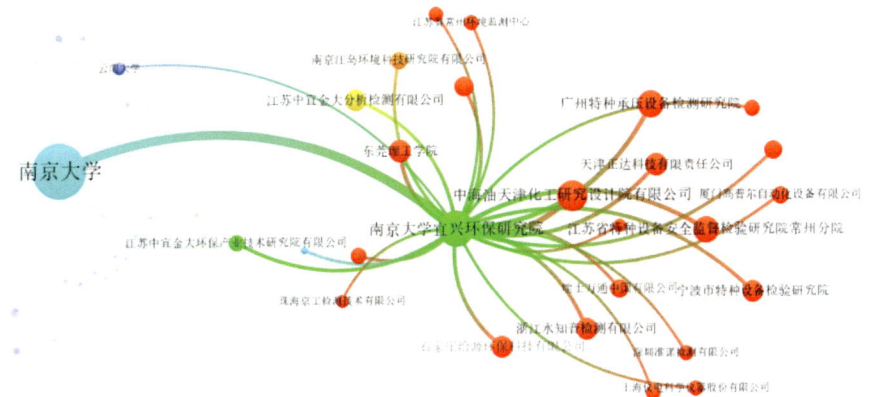

图 10-10　南京大学产业链中游的"南京大学宜兴环保研究院"

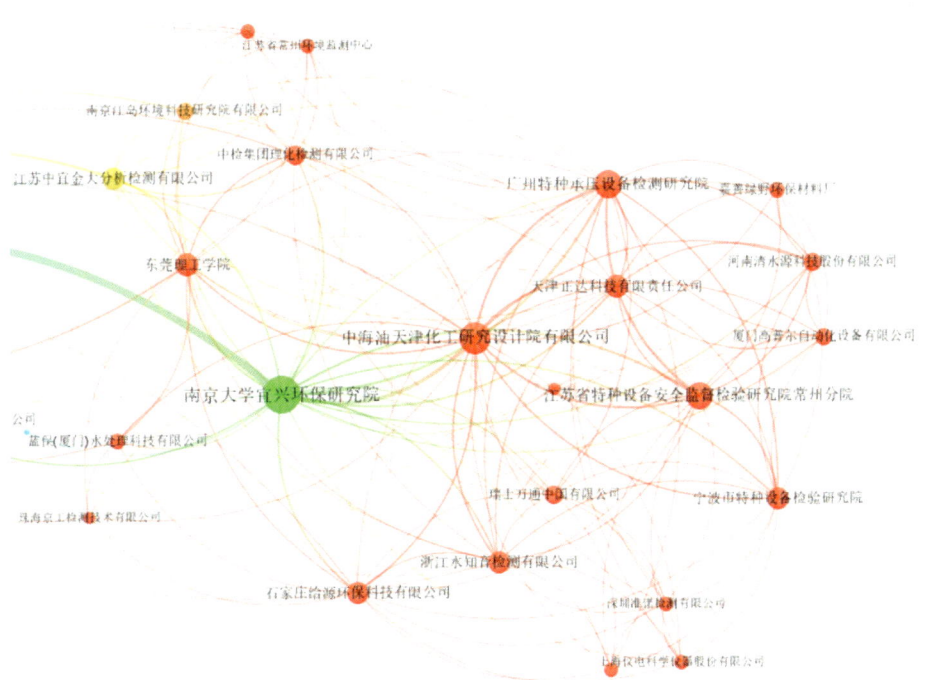

图 10-11　南京大学产业链下游的"南京江岛环境科技研究院有限公司"

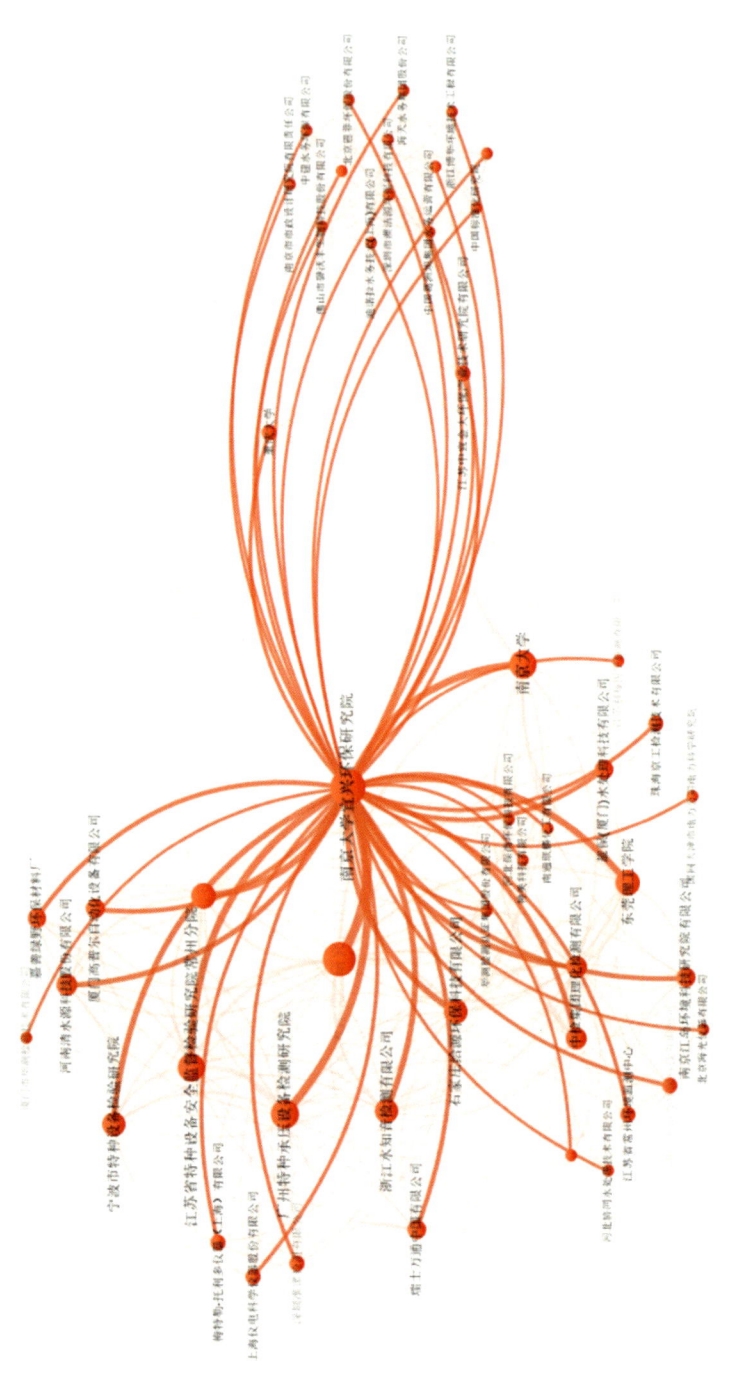

图 10-12 南京大学产业链下游形成的行业标准企业群

图 10-13 南京环保产业创新中心有限公司在产业链中的位置